"十四五"普通高等教育部委级规划教材

交叉学科设计学专业创新教材｜李少博 高颂华 韩海燕 主编

U0692849

# 设计与设计心理

钱淑芳 王力婕 张 悦 编 著

中国纺织出版社有限公司

# 内 容 提 要

全书分为六章。第一章主要介绍本书涉及的学科基本概念，帮助读者了解设计学、心理学、设计心理学的基础知识。第二章至第六章详细地阐述了设计与设计认知、色彩、情感、审美以及用户心理的关系。为突出"教材"特点，每章设计了"教学目标""核心概念""思考题"，能够帮助读者更好地理解和掌握书中的知识。

本书可作为本科和高职院校设计专业学生的教材，也可供设计师及相关从业人员阅读。

**图书在版编目（CIP）数据**

设计与设计心理 / 钱淑芳，王力婕，张悦编著 . --
北京：中国纺织出版社有限公司，2024.5
"十四五"普通高等教育部委级规划教材 交叉学科
设计学专业创新教材 / 李少博，高颂华，韩海燕主编
ISBN 978-7-5229-1523-4

Ⅰ . ①设… Ⅱ . ①钱… ②王… ③张… Ⅲ . ①产品设
计 - 应用心理学 - 高等学校 - 教材 Ⅳ . ① TB472-05

中国国家版本馆 CIP 数据核字（2024）第 059297 号

---

责任编辑：华长印　王思凡　　责任校对：王蕙莹
责任印制：王艳丽

---

中国纺织出版社有限公司出版发行
地址：北京市朝阳区百子湾东里 A407 号楼　邮政编码：100124
销售电话：010—67004422　传真：010—87155801
http://www.c-textilep.com
中国纺织出版社天猫旗舰店
官方微博 http://weibo.com/2119887771
天津千鹤文化传播有限公司印刷　各地新华书店经销
2024 年 5 月第 1 版第 1 次印刷
开本：787×1092　1/16　印张：10.5
字数：198 千字　定价：69.80 元

---

凡购本书，如有缺页、倒页、脱页，由本社图书营销中心调换

设计是突破式创新的重要推动力，也是催生新产业、新经济的重要因素。随着新时代到来，设计正在经历从"创造风格"到"驱动创新"的范式转型，之前设计范畴的造型、形式和风格导向，已经拓展到了服务、体验、交互、战略和智能化的设计驱动。

面对新的变革趋势，设计需要探索与其他学科合作的新方式，为迎接不断出现的新挑战，设计教育教学内容需要不断超越既定学科的知识模型，融合多学科知识来分析、解决复杂的社会问题，在具体的设计实践中作出及时的调整与重塑。

内蒙古师范大学设计学院主动面对设计学发展趋势，立足区域特质，持续致力于设计教学课程改革。在国家级一流本科专业建设过程中，整合教师教学经验与在地设计项目的各种教学资源，开展交叉学科设计学专业创新教材编写的系统工程。学院教师团队立足于新时代设计学科体系，以促进学生应用多学科知识和方法解决设计问题的能力提升为目标，倡导将各类学科的思维方法、知识和技能相结合，不断迭代教学思路与系统化设计教学知识体系。

本系列教材适合设计专业学生作为教材使用，也可作为设计专业学生自学的工具书和创新设计指导书。教材涵盖高等院校设计专业的专业基础课、专业核心课、专业拓展课等多种课程类型，形成学科交叉融合型专业课程体系。教材内容包括课题组成员在设计与心理学、媒介技术、信息传播等多个领域交叉创新的教学研究成果。强调跨学科问题的深度思考，强化多学科知识之间的链接，以及在生产生活中的综合应用，注重培养学生立足设计服务区域社会经济、文化发展，主动认识、自主反思、独立判断、合理决策的设计能力。

本系列教材在编辑出版过程中，得到了中国纺织出版社有限公司的大力支持和帮助，在此表示感谢。鉴于本系列教材系教学一线教师在教学过程中所积累的经验与总结，书中或有疏漏与不当之处，敬请专家、同行及广大读者批评指正。

李少博

2024年1月

设计心理学作为设计专业的基础课程，多年来一直受到重视，尤其是近年来，随着社会科技发展和新文科建设的不断深入，设计学科越来越需要更多学科的综合与融入，设计的目的也越来越趋于满足不同用户的多元化需求。作为一门交叉性极强的课程，设计心理学涵盖了生理学、心理学、美学、色彩学、人体工程学、艺术学等多学科知识。这些知识相互交叉、结合、渗透。

随着设计市场划分越来越细化及自我实现化，设计师应更加熟稔用户不断变化、不断追求个性化的心理需求，同时具备面对未来设计的思维和观念，考虑如何适应和满足用户心理需求。

本书在阐述设计与设计心理学的关系、设计与心理学的关系的同时，从心理学角度出发，重点关注认知、色彩、情感、审美等方面的心理因素对设计的影响，强调设计对人的关注，因此在最后一章以"设计与用户心理"为题，着重分析和阐释用户心理及分类，用户心智模型的形成和运用以及对设计师设计的影响。

面向设计专业低年级段开设的设计心理学课程，从基础知识方面尽量能够实现以下几个要点的教学：第一，设计心理学是一种什么样的学科或课程。第二，设计心理学的"心理者"的外延——设计师心理和用户心理。这也是设计心理学中经常提及的"设计师黑箱"和"用户黑箱"。第三，重点阐释设计与认知、色彩、情感、审美等心理的重要性。特别是将色彩心理这一重要的心理内容纳入设计与情感、审美的关系体系中，强调色彩的重要性。这或许在划分标准上不一定具有很严密的逻辑性，但体现了心理学在设计学中需要着重的内容。第四,强调设计中用户心理的重要性。在最后一章加入诸多《设计心理学》教材中不多提及的"用户心理"内容,强调用户之于设计的必要性。

本书虽以教材体例编纂,但又不仅限于教材,也是设计入门者、设计师选择适宜部分阅读的普及读本,因时间紧、任务重,难免出现一些纰漏和不足,还请读者提出宝贵意见。

钱淑芳

2023年9月

# 课时分配表（32课时，8周）

| 章节 | 周数 | 课程名称 | 课程知识点 | 课时 |
|---|---|---|---|---|
| 第一章<br>设计心理学概说 | 第1周 | 课程一：设计与心理学概念 | ➤ 设计的含义与基本属性<br>➤ 设计的心理活动和过程 | 2课时 |
| | | 课程二：设计心理学的研究范畴 | ➤ 心理与脑的关系<br>➤ 设计心理学在研究对象和内容方面的应用 | 2课时 |
| 第二章<br>设计与认知 | 第2周 | 课程一：感觉 | ➤ 感觉的含义和作用<br>➤ 不同感觉对设计的影响 | 1课时 |
| | | 课程二：知觉 | ➤ 知觉的基本特性及在设计中的运用和影响 | 1课时 |
| | | 课程三：设计与认知过程 | ➤ 设计如何利用记忆和情感来影响用户体验<br>➤ 设计如何激发和引导用户的思维过程 | 2课时 |
| 第三章<br>设计与色彩 | 第3周 | 课程一：色彩基础 | ➤ 色彩基础知识 | 2课时 |
| | | 课程二：色彩的生理作用与心理效应 | ➤ 色彩的生理作用与感知<br>➤ 色彩的心理效应与情感联系 | 2课时 |
| | 第4周 | 课程三：色彩的认知差异 | ➤ 色彩的认知差异与个体偏好 | 2课时 |
| 第四章<br>设计与情感 | 第5周 | 课程一：情感、情绪 | ➤ 情感与情绪 | 2课时 |
| | 第6周 | 课程二：情感化设计的三个层面 | ➤ 情感化设计过程<br>➤ 情感化设计的三个层面 | 2课时 |
| | | 课程三：娱乐主题的设计 | ➤ 娱乐主题的设计 | 2课时 |
| 第五章<br>设计与审美 | 第7周 | 课程一：审美的本质和审美原则 | ➤ 审美的本质<br>➤ 中国传统文化审美心理 | 2课时 |
| | | 课程二：中国传统文化审美心理 | | |
| | | 课程三：设计的审美范畴 | ➤ 功能美、形式美、艺术美、技术美 | 2课时 |

续表

| 章节 | 周数 | 课程名称 | 课程知识点 | 课时 |
|---|---|---|---|---|
| 第六章<br>设计与用户心理 | 第8周 | 课程一：用户 | ➤ 用户分类 | 2课时 |
| | | 课程二：用户心理 | ➤ 用户的需要动机、用户的行为模式 | 2课时 |
| | | 课程三：用户模型与心智模型 | ➤ 用户模型的分类、心智与心智模型、用户心智模型 | 2课时 |
| | | 课程四：用户研究方法 | ➤ 问卷调查法、用户访谈法、用户画像法、焦点小组法、仪器测量法、可用性测试法 | 2课时 |

目录 CONTENTS

# 第一章 设计心理学概说

## 教学目标

本章主要目标是培养学生了解设计心理学的定义和基本概念，理解设计与心理的关系，掌握设计心理学的研究方法。通过本章的学习，学生能够了解设计心理学在实际设计中的应用，拓展学生对设计心理学的思维方式和研究视角。培养观察、分析和解决设计问题的能力，提升设计师在实践中的综合素质和创新能力。

## 教学重点

1.设计的心理活动过程。
2.设计心理学类型及在设计中的体现。

## 推荐阅读

[1]李立新.设计价值论[M].北京：中国建筑工业出版社，2011.
[2]威廉·詹姆斯.心理学原理[M].田平，译.北京：中国城市出版社，2010.

## 教学实践

将学生分成几个学习小组，以小组为单位进行分析和讨论，完成"实践作业"（详见作业部分）中的具体内容，以此评估学生对设计与心理之间关系的理解。

# 第一节　设计是什么

人们经常谈论"设计"，例如，那件衣服的设计很有风格，那个商标的设计很特别，这个网站的界面设计很有趣……从文创产品到公共空间，从界面到交互，都需要设计，如今设计已经深入日常生活的方方面面。

## 一、设计的含义

谈到设计的概念，很难有统一的说法，因为设计活动十分宽泛，涉及范围广。张道一在《设计在谋》一书提及："设计就字面讲是设想和计划。凡造物、做事所拟想象和制定的实行措施，均可称作设计，如厂矿的设计，建筑物的设计，机器制造的设计，生产流程的设计，工艺美术的设计等。"[1]陈根在《图解设计心理学》一书提及："设计既可以指一个活动，也可以是一个活动或过程的结果。"[2]

因此，借鉴学者对设计概念的一些典型解释，可概括为设计是一种有目的、有计划的创新过程，旨在为产品、环境、系统或服务创建有形或无形的解决方案。一般而言，设计包括创作（设计）主体和使用（用户）主体，常常简化为设计师与用户。

> **⊙ 扩展知识**
>
> 《现代汉语词典》中"设计"有以下含义：构思、绘制、计划、谋划，兼作名词与动词。《牛津词典》第九版中将"design"分为动词与名词，作为名词主要指布局、安排，作为动词指制图、构思。以上两种解释虽然出于不同地域，但对设计的理解几近相同。

## 二、设计的基本属性

在面对不同设计对象和设计语境时，具体的设计活动会表现得非常不同。但是从设计活动的过程和目的来看，可以总结设计的一些基本属性。一般而言，这些属性包

---

[1] 张道一.设计在谋[M].重庆：重庆大学出版社，2007：30-32.
[2] 陈根.图解设计心理学[M].北京：化学工业出版社，2019.

含预期和设想、创新、计划和实施、创造价值。

### （一）预期和设想

设计活动是人类有意识、有目的的行为，是"有意而为之"的，设计行为必然伴随某种对结果的预期，设计活动就是在这种预期和设想的指引下展开的。这种预期可能是商业销售的目标预期，或者对产品使用状况的预期，或者对某种形象概念的预期。

设计师通过研究、分析和理解用户需求、市场趋势和问题背景，形成对设计方向及目标的预期和设想。这些预期和设想可以基于改善现有产品或服务，解决问题，满足用户需求或创造新的体验等。预期和设想是指导设计过程的方向和目标，它们提供了设计活动的动力和目标导向。

### （二）创新

创新是设计活动的核心要素。设计是创新的体现，设计师需要以创新的思维和方法发现新的解决方案，超越传统的思维模式，提供独特而有价值的设计。

创新可以涉及产品功能、外观、用户体验、材料选择、生产工艺等方面，以满足不断变化的需求和社会发展的挑战。创新既是设计师的核心竞争力，也是设计活动带来变革和进步的关键。无论是从用户需求到概念假设，还是从概念设计到计划和实施，这个从无到有的过程都必然会经历不同程度的创新。从用户需求出发，满足用户的物质需求和精神需求，真正实现以人为本；从产品功能出发，赋予老产品新的功能、新的用途；从成本设计理念出发，采用新材料、新方法、新技术，降低产品成本、提高产品质量。

### （三）计划和实施

设计活动需要良好的计划和实施能力。设计师需要制订详细的设计方案和实施计划，考虑到时间、资源、技术可行性和市场可行性等因素。

设计师需要与团队成员、供应商和利益相关者合作，确保设计顺利实施，并及时调整和优化设计方案。设计主体在对未来整体性、长期性、基本性问题进行思考，并进行全面长远的计划之后，再进行设计实践，其中包括提出问题和解决问题的过程。提出问题是初始阶段，解决问题是设计的终极目标，解决设计问题的过程包括初步设计—新要求—再次设计，这是一个不断循环的过程（图1-1）。

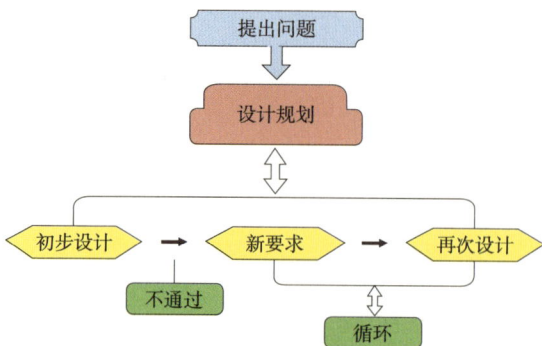

图1-1 设计解决问题的循环过程

计划和实施能力是设计师必备的管理和执行能力，它们确保设计活动按照预期和设想的方向有序进行，并最终实现设计目标。

### （四）创造价值

设计的目标之一是创造价值。从设计活动的目的来看，设计是为目标人群创造价值，包括实用价值、审美价值、社会和文化价值等。这些价值最终将通过设计师的工作，从最初的概念聚合为可感知的形式。

设计师通过设计创新和优化，为用户、企业和社会创造价值。其中包括提供更好的用户体验、解决问题、增加产品的功能性和便利性、提升品牌形象和市场竞争力等。设计师需要思考如何通过设计为用户和社会创造实际的经济、文化和环境价值。

总之，设计的基本属性相互关联和相互影响，设计师需要在设计活动中予以综合考虑和平衡，以实现设计的目标和价值。

## 三、设计的心理活动

设计的心理活动是指设计师在从事设计工作时经历的心理过程和活动。这些心理活动包括感知、认知、情感、创造和决策等方面，它们相互作用并影响着设计师的思维、行为和设计结果。

设计师通过感知来获取与设计任务相关的信息，包括形状、颜色、材料、空间等方面的感知。通过认知过程将感知到的信息与已有的知识和经验进行联系和组织，从而形成对设计问题的理解和认知模型。知名法国设计师菲利普·斯塔克（Philippe Starck）曾表达过"以人为本"的设计理念。在设计过程中更关注人们对一件物品所寄予的梦想，而不是过多考虑技术和商业细节。他强调设计应该从人的角度出发，关注人们的情感体验和情感共鸣，以创造有意义且引人入胜的设计作品。斯塔克设计的柠檬榨汁机"Juicy Salif"(外星人榨汁机)是一件生活用品,但经过斯塔克之手,该产品的实用功能变成了"装饰",带给人愉悦的心理感受(图1-2)。

图1-2 柠檬榨汁机"Juicy Salif"

设计师在设计过程中经历了情感反应、创意产生、问题解决和新颖设计、想法生成的连续过程,并且需要做出各种决策,如选择设计方向、确定设计策略和评估设计方案等。设计的心理活动是动态的,设计师通过感知、认知、情感、创造和决策等心理活动与设计对象和设计任务互动,最终完成有创造性和价值的设计作品。研究和理解设计的心理活动有助于揭示设计过程的本质和设计师的行为特征,提高设计效果和设计师的专业能力。

# 第二节 心理学是什么

心理学是一门研究人脑各种形式与外部信息的整合及其内隐和外显行为反应的科学。心理学的研究对象主要是人的心理活动,但为了真实准确地把握心理学,它还研究人的行为,探讨和分析心理活动与行为之间的规律性关系。美国心理学家威廉·詹姆斯(William James)在《心理学原理》一书中认为:"心理学是对行为和心理过程进行科学研究的一门科学,是关于心理生活的现象及其条件的科学。这些现象指的是诸如情感、欲望、认知、推理、决定等。"❶

## 一、心理与脑

人们常说"心理是脑的属性",脑是中枢神经系统中最重要的结构,心理活动依赖于脑的参与。因此,可以总结为心理是脑的机能,是客观世界在人脑中的反映。大脑负责调节高级认知功能和情绪功能。左半球功能是语言中枢,右半球功能是处理表象。左脑(意识):知性、理解、语言、判断、推理、感觉。右脑(潜意识):创造

---

❶ 威廉·詹姆斯.心理学原理[M].田平,译.北京:中国城市出版社,2010.

力、想象力、心算、直觉、情感、音乐、艺术。脑干控制机体自主功能，如心率、呼吸、消化等（图1-3）。

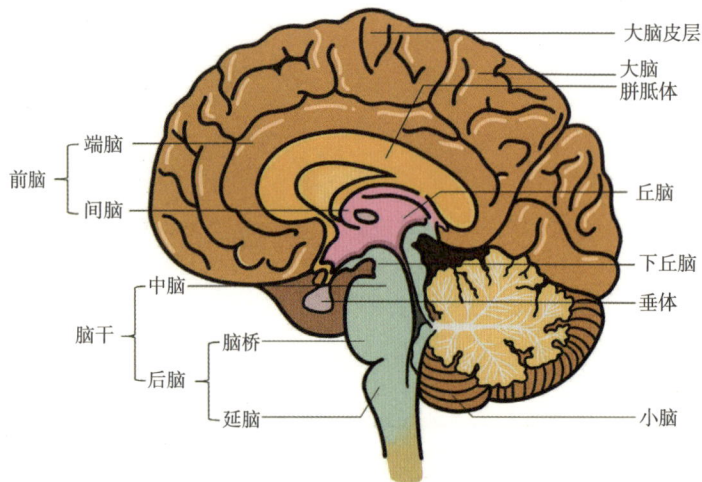

图1-3 大脑结构图

人们常说的"胸有成竹"可以看作心与脑之间协调及合作的结果（图1-4）。心指的是人的情感、意识和主观体验，脑则是负责处理信息、控制身体功能的器官。心提供了创意、情感和意义的指导，脑则负责将这些想法转化为实际可行的设计方案。这种心与脑的相互作用和协同努力，使设计师能够在创作中展现出独特的才华和创意。在设计中，设计师在创作时心中有着清晰的构思和计划。这个过程涉及心与脑的相互作用。首先，心中的灵感、创意和审美观念是通过脑部的认知和创造性思维得以表达和实现的。其次，设计师通过脑部的信息处理和思考，将抽象的概念转化为具体的设计方案。在这个过程中，脑发挥着分析、综合和判断的功能，帮助设计师将自己的想法转化为可行的设计。

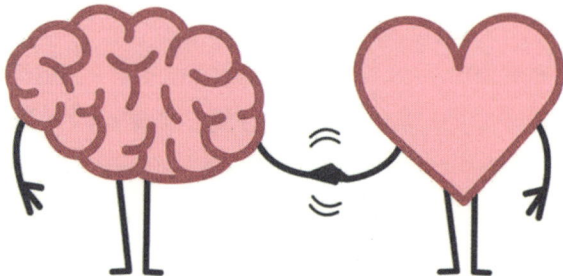

图1-4 心与脑

## 二、心理学之心理现象

心理学主要研究人类心理现象和动物心理现象；它不仅研究个体心理现象，还研究群体心理现象。心理现象是基于大脑的神经活动，大脑的神经活动是生理过程，而心理活动则是在这些过程中发生的对外界刺激作用的反映活动，是对外界信息的加工。例如，为什么人们进到昏暗的房间看不清色彩？为什么欢快的音乐会让人心情愉悦？为什么人能感觉到疼痛？为什么人的记忆力存在差异性？以上这些现象都是通过人脑的活动实现的。

心理现象包括心理过程和个性心理两个方面（表1-1）。

表1-1 心理现象

| 心理学研究范畴 | 分类 | | 内容 |
|---|---|---|---|
| 心理现象 | 心理过程 | 认识过程 | 感觉、知觉、记忆、想象、思维 |
| | | 情感过程 | 情绪和情感 |
| | | 意志过程 | 意志行动的心理过程 |
| | 个性心理 | 个性心理倾向 | 需要、动机、兴趣、信念、理念、价值观、世界观 |
| | | 个性心理特征 | 能力、气质、性格 |

人的心理活动或心理过程是由认识、情感和意志组成的。认识过程包括感觉、知觉、观察、记忆、想象和思维。认识既是一种基本的心理活动，又是一种主要的心理功能。情感过程是当人们了解周围的世界时，总是以某种态度来对待，心中会有一种特殊的体验，比如兴奋、陶醉、愉悦、沮丧、愤怒、悲伤、恐惧、理性、骄傲、自卑等；意志过程是指人们在自己的活动中设定一定的目的，按照计划不断消除各种障碍，并努力达到目的的心理过程。人们的心理活动以不同的方式联系和组织，以一定的结构形式表现在行为中，形成人们的个性心理。

## 三、个性心理

个性心理是指个体在认知、情感和行为方面的独特心理特征和倾向。它包括个体的思维方式、情感表达、价值观、动机和行为偏好等方面的个人差异。个性心理是人格形成和发展的基础，它在一定程度上影响着个体的思维方式、情感体验和行为表现。

在设计领域，个性差异决定了不同用户对设计的需求和喜好。设计师需要理解和考虑用户的个性特点，以便更好地满足用户的需求和期望。同时，设计师的个性心理也会影响其设计风格、创造力和决策方式。个性的独特性和差异性有助于设计师产生创新思维和独特的设计解决方案。个性心理主要包含两方面内容：个性倾向特征、个性心理特征。

## （一）个性倾向特征

个性倾向特征是指个体在个性心理上表现出的偏好和倾向。个性倾向性的形成是由个体的需要、动机、兴趣、理想、信念和价值观等因素构成的。这些因素共同影响着个体的认知、情感和行为，进而塑造了人们的个性特征和倾向。

### 1.需要

个体的需要指的是人们对满足生理或心理欲望和需求的渴望。生理需要包括食物、水和安全等，心理需要包括社交、尊重和成就等。个体的需要不仅影响人们的行为，还影响价值观塑造和目标选择。

### 2.动机

个体的动机是指驱使人们采取行动的内在或外在力量。动机可以源自内部的个体需求和欲望，也可以受到外界激励和奖励的影响。个体的动机决定了设计师对特定目标的追求程度和投入程度。

### 3.兴趣

个体的兴趣是指人们对特定领域、活动或主题的偏好和关注。兴趣反映了个体对某些事物的好奇心和享受感，可以影响人们的学习、参与和投入程度。个体的兴趣可以在设计中被考虑，以提供符合用户兴趣和偏好的产品和体验。

### 4.理想

个体的理想是指人们对自己或社会的期望和追求。理想反映了个体对优秀、正义、公平等价值观的追求，塑造了人们的行为准则和行事方式。个体的理想可以影响设计决策和行为选择。

### 5.信念

个体的信念是指人们对事实、观点和价值的看法和信仰。信念可以是关于自我、他人、世界和宇宙的认知，也可以是个体对事物的评价和解释方式。个体的信念可以影响设计师的态度和行为。

### 6.价值观

个体的价值观是指人们对道德、伦理和文化观念的重视和认同。个体的价值观指导设计师的行为选择和判断标准。

个性倾向性的构成要素相互作用，并受到个体的经历、环境和文化的影响，塑造了每个人独特的个性和行为模式。在设计过程中，考虑个性倾向性可以帮助设计者更好地理解用户的需求和期望，从而创造出更具个性和符合用户偏好的产品和服务体验。

### （二）个性心理特征

个性心理特征是后天环境在个体遗传素质基础上相互作用形成的相对稳定、独特的心理行为模式。个性心理特征主要包括能力、气质、性格。

#### 1.能力

当人们在生理和心理上成熟后，才有能力从事生产劳动。能力包括智力、天赋和技能。

#### 2.气质

心理学的气质指脾气、秉性或性情。气质是人固有的人格特质，主要指大脑皮层神经细胞的特征类型，如稳定性或不稳定性、反应速度、灵敏或缓慢、兴奋或抑制。因此，它不仅是性格的内在基础，还是决定个性类型的基础。

#### 3.性格

性格是个性的外在表现，是气质的显现，是社会实践中对外部现实的基本态度和习惯行为。例如，温柔、热情、勇敢、忠于他人、憎恨邪恶、友善、体贴；优雅的举止、幽默的谈吐等。

人的个性心理就是个性倾向特征与个性心理特征的总和。人的个性是在生命成长过程中从出生到婴幼儿、童年、青少年等，经历几年、十几年甚至几十年的心理过程的发育、发展及终身接受教育、自我学习、锻炼，最终培育形成了具有自我特征的个性。

## 四、社会文化心理

社会文化是社会和文化的结合体，涉及人们相互交往、建立关系和组织的过程，以及人类创造的思想、价值观念、习俗、艺术表达和物质产品等共同遗产。社会文化规范着人们的行为和价值标准，不同背景的人在生活水平、兴趣、习俗和行为模式上存在差异。设计不仅关乎外观和功能，而且受到社会文化的影响和制约。特定的社会文化背景影响了设计的目标和风格。反过来，设计也对社会文化产生影响。

### （一）社会文化心理概念

社会文化心理主要是指在社会约定俗成的生活经历和方式、风俗习惯、道德规范和社会规范的影响下形成的文化心理。社会文化心理学实际上由三个相互关联的概念组成，即社会、文化和心理。

## （二）设计对文化心理的引导

社会文化心理构建是一个动态过程，受个体与社会环境相互作用的影响。个体通过社会交往、文化传承和社会化学习逐渐形成对社会和文化的认知、态度和行为模式。

在设计中，考虑社会文化因素对用户的影响是设计师的重要任务。设计应满足用户的文化需求，引导其产生社会认同并促进社会参与。设计作品应与社会文化相契合，体现社会文化价值观，创造有意义、能引发共鸣和具备影响力的设计。设计作品对人的心理进行引导，包括心理、精神和情调的引导。

### 1.文化心理引导

文化心理引导是指人们的心理需求、态度和价值观对设计产生的影响。不同的文化具有不同的心理需求和价值取向，人们对产品的选择和理解也受其文化背景和价值观的影响。设计师需要了解目标用户的文化背景，以及对特定文化符号和价值观的认同程度，以便在设计中融入合适的文化元素。例如，内蒙古自治区重点文物龙王庙铸铁蟠龙旗杆，其文化创意产品——梅兰竹菊纱巾（图1-5）。设计师以旗杆上的"梅兰竹菊"图案为设计灵感来源，运用

图1-5 梅兰竹菊纱巾

绘画技艺展示了文物中所蕴含的梅、兰、竹、菊的特色。针对花瓣、叶片、茎杆等元素进行了独具匠心的纱巾纹样创作，通过文化创意产品了解文物的文化内涵。

文化心理引导可以满足用户的文化心理需求，充分体现产品的文化价值和重要意义，提升用户的情感体验和认同感。

---

**⚙ 设计提示**

产品的设计不仅关乎功能和外观，还需要传达特定的文化信息和价值观。设计师可以通过使用特定的符号、图案、颜色等元素，以及采用特定的材料和工艺，来表达和体现特定文化的内涵。这样的设计可以引导用户对产品的理解和感知，使其与特定文化产生共鸣和情感连接。

### 2.文化精神引导

文化精神引导是设计作品通过特定的文化象征来引发人们对崇高精神境界的追求和理想的实现。融入文化象征可以通过符号、图像、颜色和故事等元素来表达特定的文化意义和精神内涵。这些文化象征可以激发人们的情感，丰富人们的想象力，引起人们对特定精神境界的共鸣和追求。在设计中，通过特定的符号或组合方式弘扬文化精神。例如，《立冬》海报中的元素丰富多样，既有寓意冬季寒冷的代表性符号，如雪花、冰凌等，也有寓意生命力的植物，如松树、花草等。松树作为常绿植物，在冬季依然郁郁葱葱，象征着生命的力量和坚韧不拔的精神（图1-6）。

通过文化精神引导，设计作品传承和表达社会和文化价值。它们不仅是产品或作品，更是对人类文化、智慧和情感的表达和延续。

### 3.文化情调引导

文化情调引导是通过产品设计和体验，激发人们追求心理愉悦和高雅情调的欲望。家电产品和工具设备的设计可以简化家务劳动，为人们提供便利和舒适，营造轻松愉悦的生活环境。家电产品设计注重用户体验和功能性，如智能家居系统的自动化控制，可提供便捷的居家体验。同时，外观设计和材质选择也能传达文化情调，如简约、时尚或传统风格，并融入当地文化元素，营造特定文化氛围。工具设备设计可以简化操作流程，提供直观界面，减轻认知负担，使人们放松高效地工作。关注人机交互的愉悦和无缝性，让人在使用工具设备时感受舒适和愉悦。以传菜机器人为例（图1-7），智能化设计使其按指令将餐盘送到桌台，提供便利和愉悦的用餐体验。将外观设计和交互方式与文化情调相融合，如未来感外观或特定文化元素造型，引导对高科技和现代化情调的追求。

通过文化情调引导，产品设计融入文化意义和情感体验，传达文化情调和价值

图1-6 《立冬》海报

图1-7 传菜机器人

观，激发人们对高雅、高品位文化的追求，进而选择精致和优雅的生活方式。

# 第三节　设计心理学是什么

设计心理学的应用领域广泛，涵盖产品设计、界面设计、环境设计等多个领域。它可以帮助设计师理解用户的心理需求和行为特点，指导设计过程中的决策和创新。通过考虑用户的认知、情感和行为，设计心理学可以提升设计作品的功能性、易用性和用户满意度，实现更好的用户体验和效果。

## 一、设计心理学定义

设计心理学是研究人和物互相作用方式的一门学科，主要分析设计主体和设计目标主体（消费者或用户）的心理现象，以及影响心理现象的各个相关因素。设计心理学的目的是沟通生产者、设计师和用户之间的关系。

## 二、设计心理学研究对象与内容

设计心理学的主要研究对象是用户（消费者）和设计师。因此，设计心理学的研究对象和内容涉及所有与设计相关的人的心理现象，通常被称为"用户黑箱"和"设计师黑箱"（图1-8）。这两个"黑箱"潜在地操控着设计者创作后台的运行。"黑箱"一词形象生动地描述了两者的心理结构。它是一种无形的心理过程，广泛存在于现实环境中，极大地影响着用户和设计师的决策。这两个"黑箱"都受到外部信息刺激、人的基本心理特征、社会文化心理和个性心理的影响。

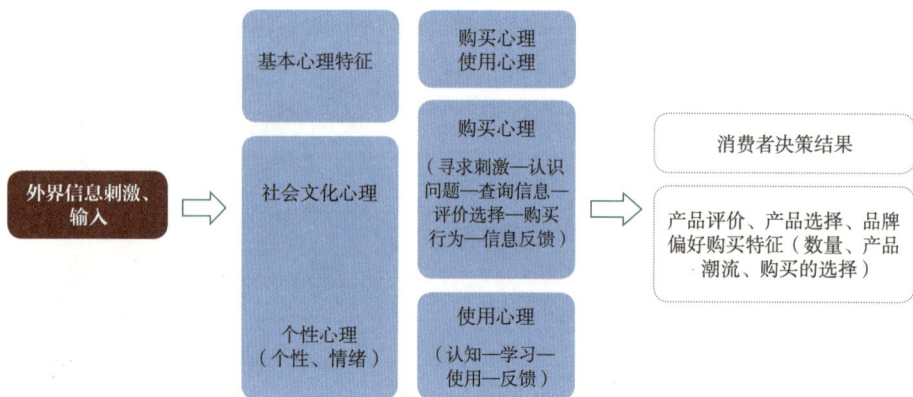

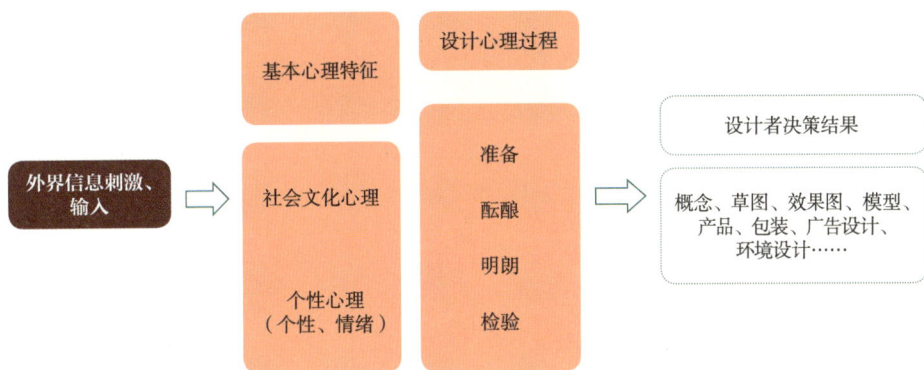

图1-8 "用户黑箱"与"设计师黑箱"（图片来源：柳沙《设计心理学》）

## （一）设计的心理过程

设计的心理过程是指设计师在进行设计活动时所经历的认知和情感过程。它涉及设计师的思维、情感、意识和决策等方面，对设计的质量和成果具有重要影响。

设计的心理过程包括以下阶段：理解和分析、创意生成、评估和筛选、执行和实施、评估和反馈。在理解和分析阶段，设计师研究和整理相关信息，了解设计任务的背景和需求。在创意生成阶段，涉及使用不同的创造性技巧和方法，探索多样化的设计概念。在评估和筛选阶段，对创意进行比较和分析，选择最合适的设计方案。在执行和实施阶段，将选定的设计方案转化为实际产品或服务。最后，在评估和反馈阶段，设计师通过与用户和利益相关者的交流和反馈，评估设计成果并寻找改进的方法。

设计师需要在不同情境中灵活应对，运用认知、创造和决策，发挥创造力和想象力，与团队和利益相关者进行有效的沟通和合作。同时，设计师还应接受反馈和持续学习，不断改进和提升自己的设计能力和专业素养。

## （二）设计师黑箱

"设计师黑箱"指的是设计师在进行设计活动时的心理过程和决策机制，包括设计师的认知、创造力、思维方式、情感体验和决策行为等方面。设计心理学关注设计师的思考方式、创意生成过程、决策依据和解决问题的策略，以帮助设计师提升设计质量和效果。通过对"设计师黑箱"的研究，可以揭示设计师的思维模式和创作方式，为设计过程提供指导和支持。

设计主体在设计过程中呈现出心理反应的一些常见规律和模式见图1-9。这些规律可以帮助人们理解设计主体在面对设计任务时的心理行为和心理状态，从而更好地满足用户的需求和期望。

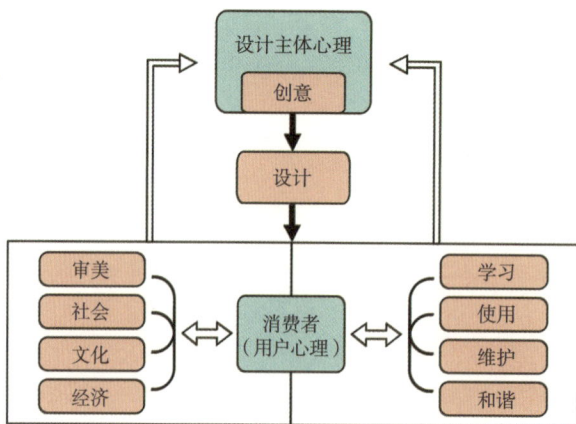

图1-9 设计主体心理反应规律

## （三）用户黑箱

"用户黑箱"指的是用户在面对设计产品或服务时的心理过程和决策机制，包括用户的需求、期望、偏好、态度和行为等方面。设计心理学致力于研究用户对设计的感知、认知、情感和行为反应，以深入了解他们的心理需求和行为模式。通过对"用户黑箱"的研究，设计师可以更好地理解用户的心理期望和需求，从而设计出更符合用户期待的产品和服务。

设计心理学研究用户，更多的是研究用户的心理。如果还存在用户心理未被满足的需要，也就存在新产品面向市场的需要，这就是创新设计的可能性，表明开发者可能在未来通过满足用户生理需要和心理需要而获得成功。以苹果手机为例，它虽然有被用户诟病的地方，但是它突出了用户的其他需要。用户（消费者）选择智能手机时通常对其外观、功能和特性进行认知，包括屏幕尺寸、摄像头质量、处理器性能等。

消费者的动机是购买该智能手机的驱动力。动机可能源于实用性需求（如更好的摄影功能）、社会需求（如追赶潮流）、自我表达需求（如展示个性）等。如图1-10所示，这款手表展示了儿童手表的详细功能，能够在手表、手机与音箱之间随意切换形态。

图1-10 电话手表

设计心理学研究用户和设计师的心理现象，通过揭示用户和设计师的心理过程和决策机制，帮助设计者更好地满足用户需求，提高设计质量，并为设计过程提供指导和支持。

## 三、设计心理学类型

设计心理学作为一门交叉性很强的学科，与许多学科相互关联，可结合设计艺术领域中的实际问题，将相关学科的研究成果与设计学专业知识有机地结合，使设计心理学发展成为一门系统化、层次化、专门化的设计工具学科。经过多年的研究，设计心理学的内涵和外延不断拓展和丰富，形成了一个多维度的心理学研究领域（图1-11）。

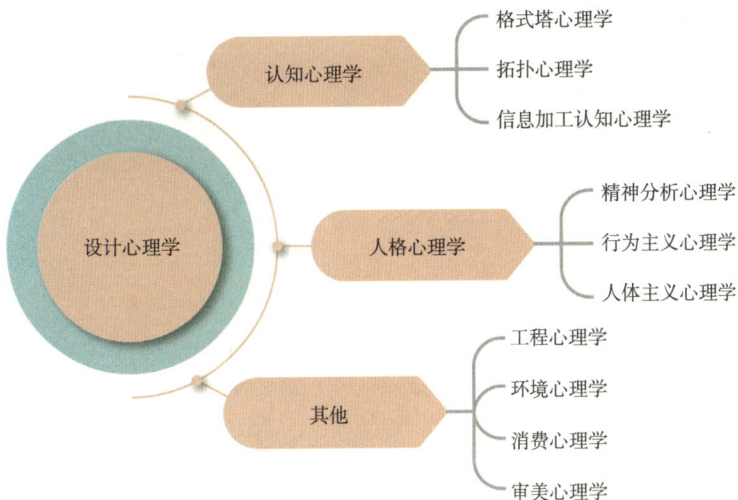

图1-11 设计心理学类型

### （一）认知心理学

认知心理学在20世纪50~60年代才发展起来。这门学科包括广泛的研究领域，旨在研究记忆、注意、感知、知识表征、推理、创造力及问题解决的运作，包括格式塔心理学、拓扑心理学、信息加工认知心理学。

格式塔（Gestalt）可以直译为"形式"，一般被译为"完形"，格式塔心理学也可以被称为完形心理学。1912年在德国诞生，后来在美国得到进一步发展。其创始人是韦特海默（Max Wertheimer）、考夫卡（Kurt Koffka）和苛勒（Walfgang Kohler）。其主张人脑的运作原理是整体的，"整体不同于其部件的总和"。

格式塔心理学在启发设计心理学方面起着重要作用。设计师自然观察到的体验具有格式塔的特征，衍生出图形结构的组合和原则，以及设计过程中独特的组织规律。这些组织法包括接近性、连续性、相似性、完整和闭合、图形与背景。

　　Glovo是一家西班牙的快速电商创业公司，于2015年在巴塞罗那创立。它是一种按需快递服务，可以通过其移动应用购买、取件和送达用户订购的任何产品。它能够提供多种服务，其中食品配送是最受欢迎的。Glovo首页的轮播式导航和抽屉式导航都是通过接近性、相似性等原则来增强视觉效果和层次感的（图1-12）。

图1-12　Glovo交互设计（图片来源：Glovo 官网）

　　拓扑心理学是格式塔心理学派的一个变种或分支，代表人物是德国心理学家勒温（Kurt Lewin）。拓扑心理学注重行为背后的意志、需要和人格的研究，试图用心理学的知识解决社会实际问题，它的研究超出了格式塔心理学原有的知觉研究范围，是格式塔心理学的重要补充，为社会心理学开辟了新的道路。

　　信息加工认知心理学是20世纪50年代中期在西方兴起的一种心理学思潮，其研究涉及人的认知的所有方面。1967年，美国心理学家奈瑟尔（Neisser）所著的《认知心理学》一书的出版，标志着信息加工认知心理学已成为一个独立的流派。其主要代表人物是跨越心理学与计算机科学领域的专家艾伦·纽厄尔（Allen Newell）和赫伯特·A.西蒙（Herbert A. Simon）。信息加工认知心理学的核心是将人的思维活动认同为信息加工的过程，这一加工过程与计算机处理信息极为类似，都是信息输入—加工—输出的过程（图1-13）。

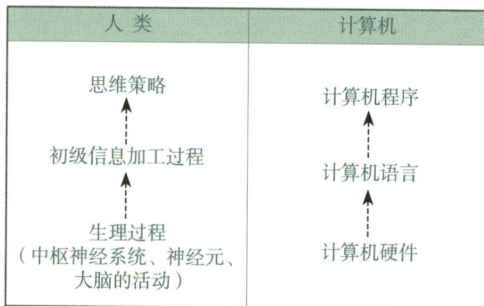

| 人　类 | 计算机 |
| --- | --- |
| 思维策略 | 计算机程序 |
| ↑ | ↑ |
| 初级信息加工过程 | 计算机语言 |
| ↑ | ↑ |
| 生理过程<br>（中枢神经系统、神经元、大脑的活动） | 计算机硬件 |

图1-13　信息加工过程（图片来源：赫伯特·A.西蒙《人类的认知：思维的信息加工理论》）

**扩展知识**

人与计算机：任何一个系统，如果能表现出智能，就必然能执行输入符号、输出符号、存储符号、复制符号、建立符号系统、条件性迁移六种功能。反过来也可以说，任何系统如果具有这六种功能，它就能表现出智能（图1-14）。

| 表现智能 | 输入符号 | 输出符号 | 存储符号 | 复制符号 | 建立符号系统 | 条件性迁移 |
|---|---|---|---|---|---|---|
| 人 | ·眼睛看<br>·耳朵听<br>·手触摸 | ·说话<br>·写字<br>·走路 | 头脑记忆 | 自学接收信息 | 组合符号 | ·原来的储存信息<br>·当前的输入 |
| 计算机 | 键盘打字输入 | ·显示器显示<br>·打印 | CPU | 接收信息 | 组合符号 | ·原来的储存信息<br>·当前的输入 |

图1-14　人与计算机

## （二）人格心理学

人格心理学为心理学的分支之一，可简单定义为研究一个人所特有的行为模式的心理学。人格心理学家会研究人格的构成特征及其形成，从而预计它对塑造人类行为和人生事件的影响，包括精神分析心理学、行为主义心理学、人本主义心理学。

社会心理学家（发展晚，大家少）和人格心理学家（发展早，大家多）对个体的充分关注这一点无疑是统一的。心理学家对社会因素尤其关注。人格心理学家关注的焦点是个体内部功能及个体间的差异，如为何有些人更具有暴力倾向。社会心理学家则关注人们如何看待彼此，如何互相影响。他们感兴趣的是社会情境如何使绝大多数个体变得友善或无情、从众或独立，如何使他们对他人产生好感或偏见。图1-15中你看到了什么？如果没有提示，你就全然注意不到，一旦你发现了麦町狗，它就控制了你对这幅画的解释。

图1-15　麦町狗图

精神分析心理学是由奥地利著名医生弗洛伊德（Freud）于19世纪末创立的，它既是一种潜意识的心理学说，又是一种治疗精神疾病的方法，被称为西方心理学的第二大势力。弗洛伊德把人的心理结构分成三个领域，即意识、潜意识（前意识）和无意识。这就是大家比较熟悉的"冰山理论"：人的意识组成就像一座冰山，露出水面的只是一小部分（意识），而隐藏在水下的绝大部分（无意识）却对其余部分（意识和潜意识）产生影响（图1-16）。

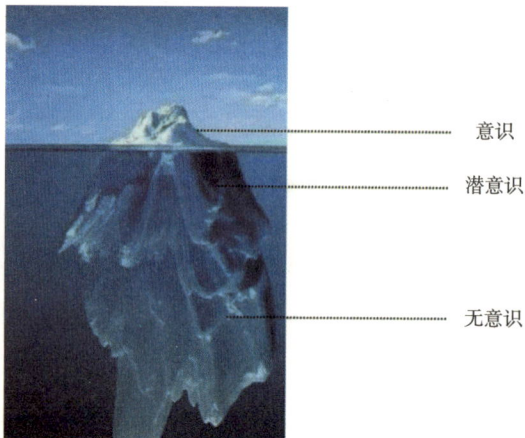

意识

潜意识

无意识

图1-16　冰山理论

### 🔖 扩展知识

在日常生活中，人们会受意识和潜意识的影响，从而左右其行为（图1-17）。人们可以用意识控制某些行动，但有些行动是潜意识在制约。

你知道成功需要坚持，但总是遇到困难就放弃了。你的意识想到成功坚持，你的潜意识不想坚持、想放弃。

图1-17　漫画——意识和潜意识

在设计中，设计师更多地参与到"无意识"过程中，通过掌握产品功能和结构等客观条件，运用一定的设计原则进行优化设计。一些研究人员开始使用精神分析理论和研究方法来挖掘消费者的潜在动机和需求。基于以上理解，设计师认为通过分析用户的潜在需求，他们可以利用外观、包装、广告和环境等设计元素来刺激消费者，唤醒他们的潜在需求（图1-18）。

品牌形象
品牌命名、标志VI、广告语、广告创意、推广策略、促销活动、品牌服务、品牌体验

设计理念
企业文化
品牌管理理念
资源配置
客户服务
产品市场定位
品牌战略定位

图1-18　设计中的冰山理论

行为主义心理学的目标是预测和控制人的活动。要达到这一目标，就必须采用实验的方法来收集科学的资料。只有这样，训练有素的行为主义者才能够在知晓一定刺激的时候，预测个体所要产生的反应，并在个体有了一定的反应时，推测引起反应的情境或刺激（表1-2）。

表1-2 刺激与反应

| S（刺激） | R（反应） |
|---|---|
| 光 | 瞳孔闭合，转动眼球 |
| 敲打膝盖 | 腿部跳起（膝跳反射） |
| 口中有酸液 | 分泌唾液 |
| 刺痛，灼烧，割破皮肤 | 身体退缩，哭，喊叫 |

**扩展知识**

"反应"一般分为"体外"和"体内"两类，也可以用"外显"和"内隐"来表示。所谓体外或外显的反应，是指人类平常所做的事情，如写信、走进车里将车开走、跳舞等。观察这类反应，无须仪器的帮助。体内或内隐的反应只限于身体内部的肌肉和腺体的活动，人们的肉眼看不到。海报中水果的汁水、饮品的夸张表现、醒目的文案，这些视觉表现会刺激人们的感觉器官，此时就会马上分泌唾液，迫不及待地想要喝它。

人本主义心理学于20世纪50年代兴起于美国，是重视研究人的本性、动机、潜能、经验及价值的心理学的新思潮。亚伯拉罕·马斯洛（Abraham H. Maslow）是人本主义心理学的主要创始者，被誉为"人本主义心理学之父"。需求层次论是人本主义心理学的动力观，也是马斯洛自我实现心理学的主要理论基石。根据马斯洛的理论，需求被分为五个层次，从低级到高级依次为生理需求、安全需求、爱与归属需求、尊重需求和自我实现需求。这些层次呈现为一个金字塔状的结构，被称为"马斯洛的需求层次金字塔"。

设计师在分析用户需求的时候，经常以此为模型探求用户的需求所属层次。旅行类应用通过手绘故事的方式有效地激发了潜在用户的兴趣（图1-19）。他们将自己的产品放在一个冒险故事中，一步一步地引领用户在故事营造的需求情境中了解这款应用。即使去掉说明文案，这套故事图片仍然可以展示出产品的大致功能及其背后体现出的自由之旅精神。

图1-19　旅行类应用

## （三）其他类型

与设计心理学相关的心理学应用学科很多，其中关系密切的主要包括工程心理学、环境心理学、消费心理学、审美心理学等。

工程心理学（Engineering Psychology）研究人与机器、环境相互作用中人的心理活动及其规律。其目的是使机器设备和工作环境的设计符合人体的各种要求，从而实现人、机、环境三者合理配合，使处于不同条件下的人能高效、安全、健康和舒适地工作和生活。在工程心理学中，"人"泛指在一定环境下使用或不使用机器的人类，例如，车间里的装配工人、教室里的学生、躺在家里睡觉的孩子等。"机"是指人所使用的对象，包括榔头、钳子等简单的工具，车床、飞机、计算机等复杂的机器，也包括各种日常生活用品。"环境"不仅包括物理环境（声、光、空气、温度、振动等物理因素），还包括社会环境（团体组织、社会舆论、工作气氛、同事关系）。

环境心理学（Environmental Psychology）是一门研究人类行为和经验与人工环境、自然环境关系的整体科学。环境心理学研究中把环境、情绪和行为看作一个整体，它的特点是关注环境中的行为，环境和行为是相互影响的，人的多数行为在一定程度上受到特定环境的控制。

环境心理学的研究主要包括个体空间、领地行为、环境知觉、建筑设计、环境保护等问题。例如，过去建筑设计师首先关心的是建筑的外观和内部结构的整合，现在他们也关心建筑对使用者的影响。设计师知道如何利用空间，并且希望应用这些技术来改变人们使用人工环境的情感和行为。三星堆博物馆新馆（图1-20），设计灵感源于三星堆文物中提炼的线条，通过对线条的设计使建筑的形体概念传承"三星堆"的遗址名称，同时充分融入周边环境，在尊重环境的基础上延续三星堆的精神文脉，和周边环境形成一种共生关系。

图1-20 三星堆博物馆新馆

消费心理学（Consumer Psychology）是一门研究消费者心理活动的行为科学，指消费者在消费活动中产生的一系列心理活动。消费心理学的研究对象主要包括消费者购买行为中的心理过程和心理状态、消费者个性心理特征对购买行为的影响和制约作用、消费者心理与市场营销的双向关系，企业的营销策略会影响消费者心理的产生和发展。成功的市场营销活动能够适应消费者心理要求和购买动机。全息投影餐厅通过视觉与听觉的补充，让味觉体验更加丰富与沉浸（图1-21）。根据不同的食材口味、菜品主题，变换不同的沉浸式视觉效果，强化整体的餐饮体验。

图1-21 全息投影餐厅

审美心理学（Aesthetic Psychology）是研究和阐释人类在审美过程中心理活动规律的心理学分支，是一门主要研究人们在美的欣赏和美的创造中心理运动规律的科学。审美主要指美感的产生和体验，而心理活动指人的知、情、意（认知、情感和意志）。

审美的心理过程是移情或外射。在审美或欣赏时，人们把自己的主观情感转移或外射到审美对象身上，然后对之进行欣赏和体验。例如，人们的手机或电脑中用到的动态壁纸，逼真的动画效果被直接呈现出来，打开电脑就可直观地感受当前的画面，让使用者产生美感。

认知心理学、人格心理学、工程心理学等共同构成了设计心理学的多元研究领域。它们通过理论和实证研究，为设计实践提供理论指导和实用方法，以提升设计效果、用户满意度和社会影响力。

设计心理学研究设计过程和设计结果对人类心理产生的影响。它关注设计师、用户和设计作品等方面产生的问题。设计心理学探讨了设计对人类认知、情感和行为的影响，以及如何优化设计以满足用户的需求和期望，创造出更符合人类心理的设计作品。

**● 核心概念**

设计　心理学　设计心理学　格式塔心理学

**● 思考题**

1.设计、心理学、设计心理学的含义。

2.设计与心理学的交叉点在哪里？你认为设计与心理学的结合可以带来哪些创新和发展？

**● 实践作业**

分组进行设计心理学应用案例分析：要求学生选择一个实际的设计案例，分析其中的设计心理及具体应用。学生需要了解设计背后的心理机制和影响因素，分析设计的成功因素和不足之处，并提出自己的观点和改进建议。

第二章

# 设计与认知

## | 教学目标 |

本章主要目标是学习设计与认知的相关内容，包括设计与感觉、设计与知觉、设计与认知过程。理解感觉与知觉的差异、记忆的分类、注意力的表现方式，以及影响问题解决的各种因素。

## | 教学重点 |

让学生重点掌握设计中的认知过程，并能够描述其所涉及的感觉、知觉、注意、记忆、思维等内容，以及这些内容如何影响设计的最终结果。

## | 推荐阅读 |

[1]奈杰尔·克罗斯. 设计师式认知[M]. 任文永，陈实，译. 武汉：华中科技大学出版社, 2013.

[2]杰弗·约翰逊. 认知与设计：理解UI设计准则[M]. 2版. 张一宁，译. 北京：人民邮电出版社, 2014.

## | 教学实践 |

在讨论中，通过具体案例分享自己的见解和观点，通过课堂讨论和教师评价，完成评估内容。具体评估标准如下：

1.参与度：学生积极参与讨论，提出问题、分享观点和经验。

2.讨论质量：学生的观点有逻辑性、深度和启发性，并能提供相关的案例支持。

3.合作与互动：学生之间的互动和合作程度，是否能够共同推动讨论的深入。

4.思考和反思：学生是否能从讨论中得到启发、进行思考和反思，对课程内容有更深的理解。

感觉、知觉、注意、记忆、思维都是心理活动的基本过程，而人的心理活动都是在注意的状态下进行的。本章将通过心理学家对个体心理过程的研究来解释一个完整的心理过程，即其发生、规律及现象。

# 第一节  设计与感觉

人对客观事物的认知是从感觉开始的，它是最简单的认知形式。感觉还可以是一种心理体验。在感觉基础上可以产生高一级的心理过程，如知觉、记忆、思维等。

## 一、感觉的定义

感觉源于感官接收的信息，是由简单而孤立的实际刺激产生的当即的、直接的、定性的经验，是对事物个别属性的反映。感觉是人对客观事物认识的初级阶段和初级形式（图2-1）。

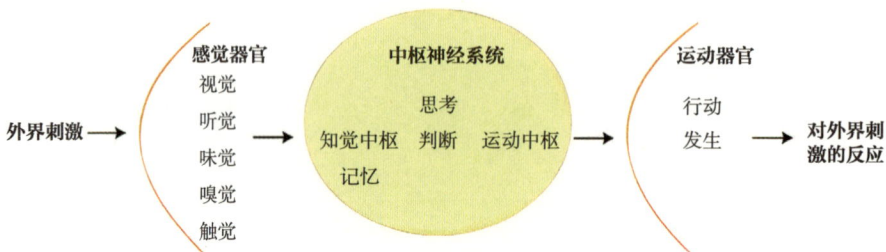

图2-1  感觉产生的过程

## 二、感觉的种类

感觉是一种较为简单的心理过程。日本设计师原研哉在《设计中的设计》中介绍过，人有"五感"，即视觉、听觉、味觉、嗅觉和触觉这五种基本感觉。通过感觉人们可以分辨色彩、声音、软硬、粗细、轻重、冷热、气味等（表2-1）。

表2-1  感觉的种类及成因

| 感觉的种类 | 感觉受到的外界刺激 | 感觉的接收器官 |
| --- | --- | --- |
| 视觉 | 光 | 眼睛视网膜的视细胞 |
| 听觉 | 声音 | 耳道中鼓膜及听细胞 |

续表

| 感觉的种类 | 感觉受到的外界刺激 | 感觉的接收器官 |
|---|---|---|
| 味觉 | 味道 | 舌部的味细胞 |
| 嗅觉 | 气味 | 鼻黏膜中的嗅细胞 |
| 触觉 | 冷热、压力、伤害 | 皮肤的冷点、温点、压点、痛点 |

### （一）视觉

眼睛在一定范围内接受外界光的刺激，并经大脑有关视觉神经系统进行分析、加工获得的感受，就是视觉。光线会通过眼球中的瞳孔，由透镜成像于视网膜上。在视网膜下层，有可以将光线转换为电子信号的视细胞。视细胞分为光线明亮时才动作的"视锥细胞"和光线微弱时才动作的"视杆细胞"。

#### 1. 视锥细胞

视锥细胞对光线的颜色相当敏感，分成三种吸收波长各不相同的细胞：L视锥（红视锥）、M视锥（绿视锥）、S视锥（蓝视锥）（图2-2）。这三种视锥如果有缺陷或者吸收波长错误，就会发生"色觉异常"（俗称"色弱""色盲"）。人类只能看到这三种波长范围的光线。

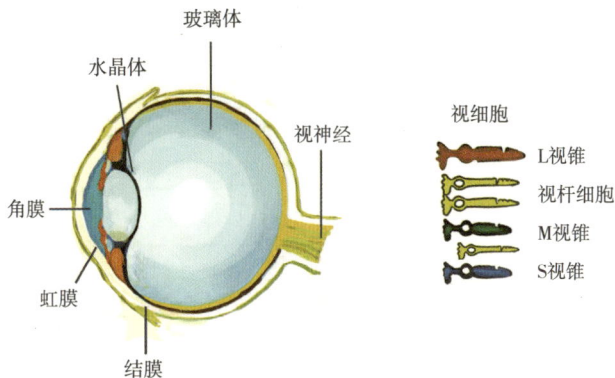

图2-2 视锥细胞

#### 2. 视杆细胞

视杆细胞会对微弱的光线产生反应，但是无法辨别颜色。所以人在黑暗中可以辨别形状，却看不清颜色。视杆细胞中含有一种叫作视紫质（Rhodopsin）的蛋白质，它会吸收光线，然后转换为分子构造信息。视紫质是一种复合物，含有氨基酸链（视蛋白，Opsin）所构成的蛋白质和维生素A的衍生物（视网醛，Retinene）。一旦人体缺乏维生素A，在暗处就无法看清楚东西，便是这个缘故。

除猫头鹰、夜莺等少数鸟类以外，大多数鸟类都是日行性动物，也几乎没有视杆细胞，所以鸟在夜晚是什么都看不到的。

### 3. 视觉信号处理过程（大脑加工过程）

图2-3不仅揭示了光从视野投射至视网膜的过程，还显示了从视网膜获得的神经信息向大脑视觉中枢的传导路线。视觉信息主要通过视神经传递到大脑的枕叶初级视皮层。视神经由数百万个神经节细胞的轴突组成，汇聚在视交叉处形成一个类似希腊字母X的结构。在视交叉处，每条视神经轴突分为两束，分别向大脑同侧和对侧传递视网膜的神经信息。这两束神经纤维被称为视束，它们包含来自两眼的轴突，将信息传递给大脑中的两个细胞群。研究发现，视觉分析可以分为两个通道：客体识别（物体的样子）和位置识别（物体的位置）。这种分离示例揭示了视觉系统由多个独立的亚系统组成，每个亚系统负责分析视网膜图像的不同方面。尽管我们最终感知到的是统一的视觉场景，但这是视觉系统中各通道精密协调的结果。

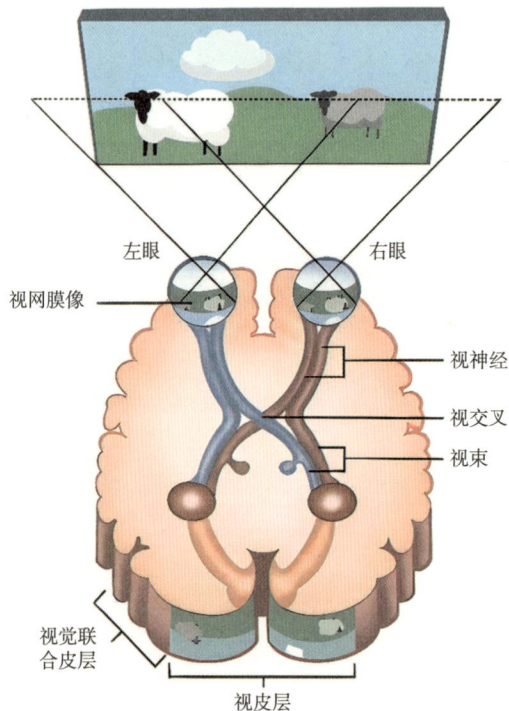

图2-3　人类视觉系统的通路

## （二）听觉

在人们对世界的体验中，听觉和视觉起到相互补充的作用。常常在看见刺激前已经听到声音，特别是当刺激来自后方或被遮挡时，如先听到雷声，后看到闪电（图2-4）。

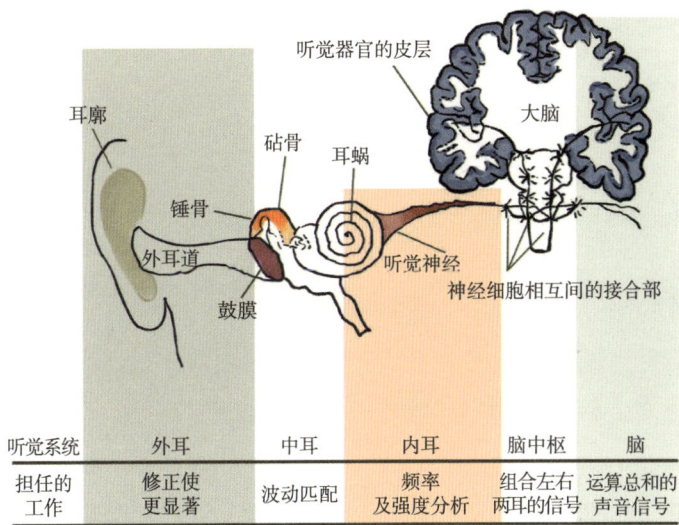

图2-4 听觉系统

听觉是声源振动产生的声波，通过外耳和中耳传递至内耳，在内耳中声波的机械能转化为神经脉冲，再传至大脑皮层的听觉中枢所产生的主观感觉。

### 设计提示

在智能家居设备上，声音设计有其独特的意义。例如，当我们对小米智能音箱发出命令，如"小爱同学，播放音乐"时，智能音箱会播放一段音乐，为我们营造一个舒适的环境。此外，智能音箱还会使用柔和的女声进行回应，告知用户其正在执行命令或处理请求，这种人性化的设计不仅给人带来愉悦的听觉感受，同时也通过声音提示用户设备的工作状态。

## （三）味觉

味觉是一种化学感觉，具有五种基本感觉——甜、酸、咸、苦、辣。味觉和嗅觉总是联系在一起，即所谓的味道，有时我们感觉食物鲜美并非单纯依赖味觉，更多来自嗅觉，嗅觉对味觉的影响是感觉交互作用的一个例证（图2-5）。

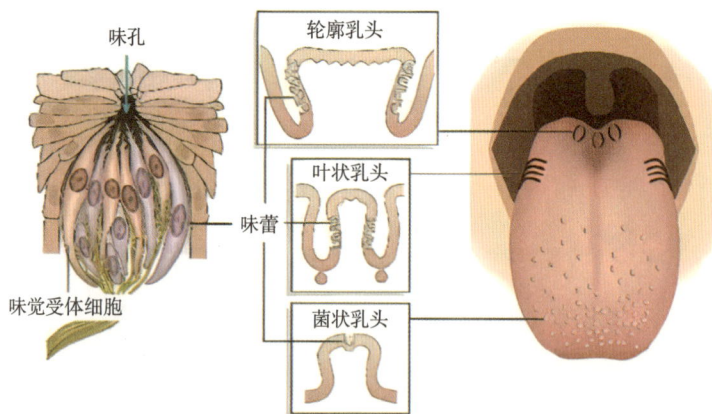

图2-5　味觉系统

## （四）嗅觉

嗅觉是通过感受器对气味的感知，由挥发性物质的分子作用于嗅觉器官产生。相较于视觉，嗅觉能更快速地引发身体反应，其对气味的刺激更敏感，也更易察觉，反应更为迅速。

嗅觉的感受器是鼻子，其中的鼻黏膜上布满了嗅细胞，这些细胞能够对气味分子产生神经冲动。一些特定的气味甚至会触发一系列的感受器。与其他刺激一样，气味能同时唤起记忆和情绪反应（图2-6）。

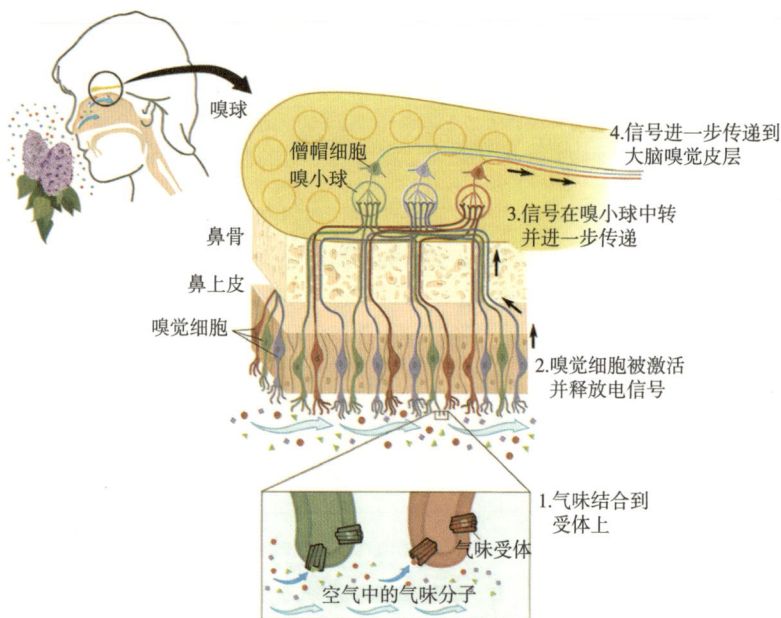

图2-6　嗅觉系统

## （五）触觉

触觉是指分布于全身皮肤上的神经细胞接受来自外界的温度、湿度、疼痛、压力、振动等方面刺激产生的感觉。狭义的触觉，指刺激作用于皮肤触觉感受器所引起的肤觉。触觉包括接受接触、滑动、压觉等机械刺激产生的感觉。人的皮肤位于人的体表，依靠表皮的游离神经末梢感受温度、痛觉、触觉等多种感觉。触觉感受器在头面、嘴唇、舌和手指等部位的分布都极为丰富，尤其是手指尖（图2-7）。

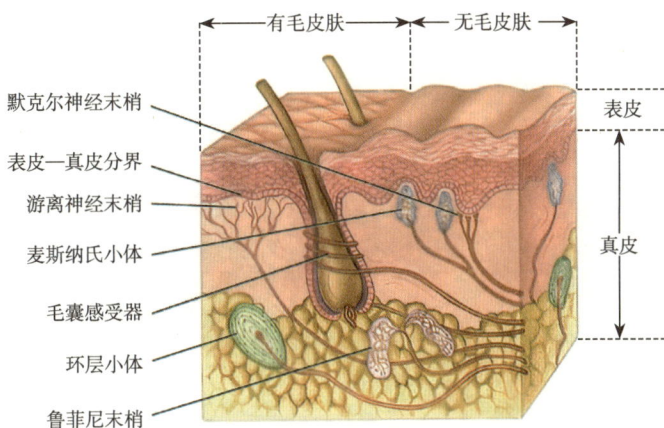

图2-7 触觉系统

# 三、设计中的"五感"

"五感"理念在设计中的应用：以人们的感知体验为设计的目的和方向，利用"五感"对人们形成知觉的刺激，唤醒人们多层次、多角度的感官机能，从而使人们更好地理解产品的特点属性，使产品的品位得以提升（图2-8）。

## （一）视觉体验

在平面设计中，设计师主要通过有序地组合设计元素，如使用特定的二维空间和人的视觉阅读顺序，来达到展示整体画面的效果。

图2-8 "五感"信息图
（图片来源：原研哉《设计中的设计》）

视觉可以直观、迅速地完成对对象的认知，其他感觉通常在视觉认知的基础上，进一

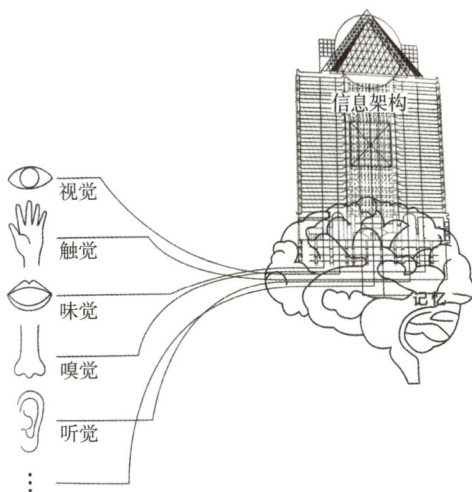

步丰富人们对外界的认知。

　　以"丝路织梦"为主题的海报设计中，就巧妙地利用了用户的视觉流程（图2-9）。通过调整主形象图片的大小、字体的选择及排版，依照用户的阅读顺序布局版面内容，以实现画面的平衡与统一。这种设计方式能够快速传达信息，并创造出视觉和谐的效果（图2-10）。

图2-9　视觉流程图

图2-10　海报

💡 设计提示

　　设计师可以通过对用户视觉体验的研究，如进行A/B测试、用户反馈分析、眼动跟踪研究等，来更好地理解用户的视觉习惯，从而优化设计；在平面设计的基础上，设计师可以考虑如何将交互设计元素融入其中。例如，利用动画效果、滑动或点击反馈等方式，增加设计的互动性，使用户的视觉体验更加生动丰富；利用跨媒介设计，在不同媒介上，用户的视觉体验可能会有所不同。设计师需要了解并适应这些差异，如在电脑屏幕、手机屏幕、纸质媒介等不同平台上，进行相应的设计调整。

## （二）听觉体验

在景观设计中，听觉元素的运用十分丰富。设计师会精心布置流水或山石等元素，以带来悦耳的自然音响，这种听觉美感增强了园林的整体氛围。当清风吹过，山石的"皱""透""漏"等特性使之产生各种声音，由于风的强弱不同，山石所发出的声音也会有所不同，进而创造出独特的听觉体验。

在书籍设计中，听觉感知也有其独特之处。日本书籍设计师杉蒲康平曾指出："当人们翻阅书页时，纸张的摩擦会产生声音。如硬纸张会发出锐利的哗啦声，而宣纸则会发出细微如雪落的沙沙声。"这说明，由于纸张材质和质感的不同，书籍在被翻阅时能够产生不同的声音，为读者带来多样化的听觉体验。

### ☼ 设计提示

除了视觉设计，声音设计也是设计的重要部分。例如，产品设计、环境设计、交互设计等领域，都可以利用声音来增强设计的表达力和用户体验。设计师可以研究和尝试如何有效地使用声音这一设计元素。

## （三）味觉体验

在视觉设计中，通过构建味觉体验，让受众感知到作品的"味道"，使其对设计师传达的信息产生共鸣，并对产品的品质产生积极的预期。例如，大众汽车针对其高尔夫 R 车型在南非进行的一次广告活动就充分利用了味觉体验（图2-11）。他们在汽车杂志中插入了一份由米粉、水、盐等食材制成的可食用广告。广告语"把路吃掉，不是开玩笑，吃掉马路"鲜明地展示了产品的力量和控制感。这种能够触动味觉的平面设计对消费者的吸引力是无法言表的。

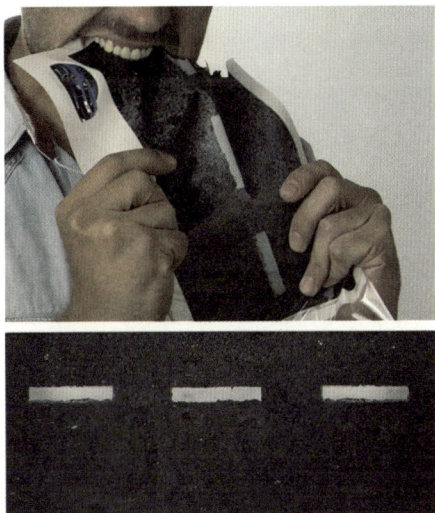

图2-11 大众汽车高尔夫R车型广告

## （四）嗅觉体验

嗅觉的应用是指通过特定的气味吸引受众的注意力，加深记忆，赢得认同，最终形成一种嗅觉表现方式。许多购物中心化妆品区域都会使用"香氛营销",让消费者走近时就能闻到淡淡的香味,这样既可以刺激消费者的购物欲望,又可以让他们在轻松愉快的氛围中购物。

同样,视觉传达设计也可以通过嗅觉体验来为产品增加吸引力,为受众带来良好的感觉。比如,澳大利亚的科尔斯公司利用特殊的喷雾技术,将面包的香味喷洒在报纸广告上,吸引读者的注意力,这无疑是一种富有创新性的设计体验。此外,兰可可的《鼻子闻一闻》,作为"幼幼身体感官小百科"系列中的一本,通过设计的嗅觉体验,引导宝宝对鼻子的功能产生兴趣,增添了阅读体验的趣味性和互动性(图2-12)。

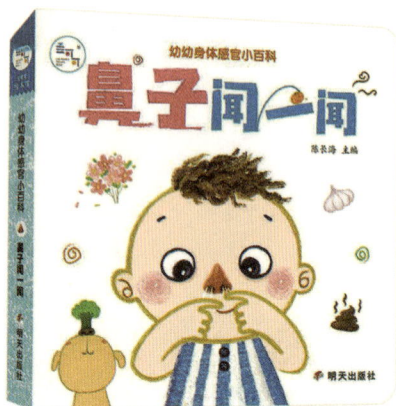

图2-12 《鼻子闻一闻》

### (五)触觉体验

触觉与视觉的结合能够帮助用户更全面地理解产品以及设计师所要传达的情感理念。例如,原研哉在长野冬季奥运会节目册设计中,巧妙地运用了触觉体验。他创造了一种能够让人感觉到"冰凉"触感的纸张。通过金属模板热压,使得文字部分凹陷并呈现半透明状态。这样一来,观众通过触摸节目册,就能唤起对冬季冰雪场景的记忆(图2-13)。

图2-13 长野冬奥会开幕式节目册

在触觉体验设计中，"暖心杯"（图2-14）采用特殊工艺处理的陶瓷材质，表面模仿咖啡豆的质地，给人以温润而细腻的手感。双层结构设计既保持了咖啡的温度，又能让用户感受到从杯身传递来的温暖。杯子外观颜色会随着温度的变化而变化，增强了视觉与触觉的联合体验。

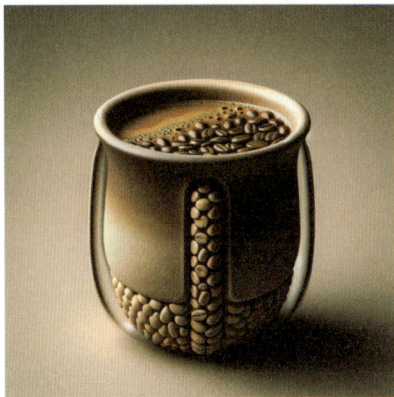

图2-14　暖心杯

# 第二节　设计与知觉

客观事物直接作用于人的感觉器官，产生感觉与知觉。知觉是在感觉基础上对感觉信息整合后的反应。

## 一、知觉的定义

知觉，又称感知，是人脑对直接作用于感觉器官的客观事物的整体属性的反映。它是一个信息处理的过程，在此过程中，有许多知觉规律可以遵循。在一定的外界环境中，刺激物与感觉器官之间相互作用，外界信息传入大脑对信息整合处理的过程。知觉是心理较高级的认知过程，涉及对感觉对象(包括视觉、听觉、味觉、嗅觉、触觉对象)含义的理解、过去的经验或记忆及判断。

## 二、知觉的立体世界——空间知觉

空间知觉是指对物体距离、形状、大小、方位等空间特性的知觉。两个视网膜上的略有差异的映像，是观察物体空间关系的重要线索。它使人能在二维的视网膜刺激基础上，形成三维的空间映像。

在人对空间知觉的视觉线索中，主要有单眼线索和双眼线索两种。其中单眼线索是指用一只眼睛就能感受到的深度线索，双眼线索则指用两只眼睛所感受到的深度线索。单眼线索与认知和经验的学习有关，与绘画和艺术设计关系密切；双眼线索与视角、肌肉运动有关，与多媒体、立体造型、环境艺术关系较密切。

## （一）单眼线索

用一只眼单独地进行空间知觉时，可用的信息和线索有以下八个方面：对象的相对大小；遮挡；质地梯度；明亮和阴影；线条透视；空气透视；运动视差；眼睛的调节。以下重点介绍四个方面。

### 1.遮挡

当某物体部分地遮挡住另一物体时,我们会感知遮挡物更近一些,被遮挡物更远一些。可通过相对距离获得空间感知（图2-15）。

### 2.线条透视

在平面上,面积的大小、线条的长短以及线条之间的距离远近等,都能使我们有效地进行空间知觉（图2-16）。

图2-15　遮挡

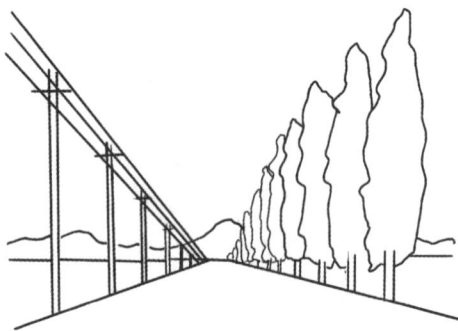

图2-16　线条透视

### 3.空气透视

由于光经过空气中的水蒸气与颗粒物的散射作用，使得人们在观察近处物体时比较清晰而观察远处物体时比较模糊（近实远虚），从而得出空间上的距离感知。如空气新鲜、阳光充足时，人们常常会觉得远山就在不远处（图2-17）。

图2-17　空气透视

**4.运动视差**

当观察者移动时，会观察到周围物体在运动方向和速度上的差异。近处的物体看起来移动得更快，而远处的物体看起来移动得更慢或者几乎不动。这种现象被称为运动视差，是我们感知三维空间深度的重要线索。例如，当你在移动的车中时，你会看到靠近你的物体（如路边的树或者电线杆）似乎以更快的速度向后移动，而远处的物体（如山或天际线）则看起来几乎不动或者慢慢向前移动。这种运动速度的相对差异有助于我们感知空间的深度和距离（图2-18）。

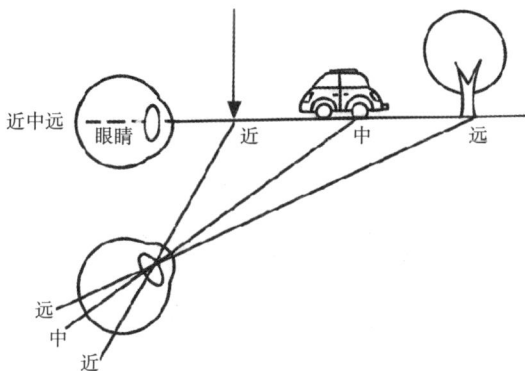

图2-18 运动视差

这些都是人们在单眼进行空间观察时形成的知觉线索。理解这些线索有助于我们更好地解释日常生活中的视觉经验。

## （二）双眼线索

双眼视差是人们感知三维空间深度的主要方式之一。当人用两只眼睛观察物体时，由于眼睛位于脸的两侧，每只眼睛看到的图像在水平方向和角度上会有细微的差异。这种差异最大的地方通常是最接近身体的物体，因此，双眼视差提供了关于物体距离和深度的重要信息。这是我们最直观、最强烈地体验到的生理立体视觉因素之一。

立体相机是通过模仿人们的双眼视觉制造的设备，它能够捕捉和记录左右眼看到的图像的微小差异。这个设备由两个相邻的镜头组成，它们分别模拟左眼和右眼的视觉，捕捉同一物体的两个稍有差异的图像（图2-19）。物体距离我们越近，镜头捕捉到的图像差异就越大。如果你将目光集中在自己伸出的手指上，你会发现手指前方的东西变得模糊，而在焦点之外的物体会出现两个重叠的影像（图2-20）。这种现象展示了人们的视觉系统如何通过调整焦点来处理深度和距离的感知。

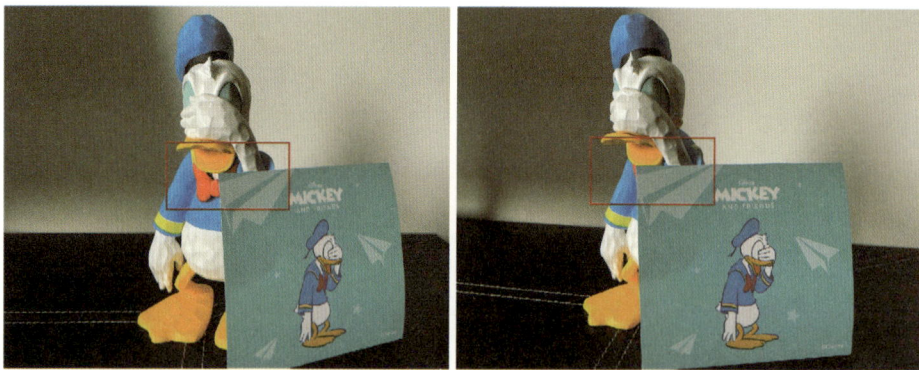

图2-19　立体相机的双眼视差

图2-20　重影

　　无论是单眼的透视线索还是双眼的视差，它们在设计中的运用都可以增强设计的视觉效果，提升观众的体验感。设计师需要根据具体的设计需求和目标，灵活运用这些视觉线索，创造出有深度、有趣味，引人入胜的视觉体验。

### （三）设计中的运用

　　单眼视觉线索，尤其是透视视觉线索，在现代设计中的应用极为广泛，它不仅存在于平面设计中，更深入数字媒体设计、环境设计以及影视制作等多个领域。

#### 1.单眼透视线索在平面设计中的运用

　　在平面设计中，透视视觉线索的添加可以让静态的二维图像展现出空间感和立体感，就像人们在观赏油画或摄影作品时，虽然画面是二维的，但仍然可以感受到强烈的空间感。

　　（1）遮挡的运用。

　　遮挡作为一种重要的单眼透视线索，被广泛运用于平面设计中。例如艺术家埃舍尔（Escher）的平版印刷画《瀑布》中，巧妙地利用了相互冲突的遮挡关系，创造出了一个看似不可能存在的空间。这种创造空间错觉的方法，主要源于部分颠倒的遮挡关系（图2-21）。

（2）线条透视。

在设计中，线条透视是一种有效的空间感知工具。通过线条的收敛和面积的变化，设计师可以模拟深度和远近，以创造出立体感。以《看天下》海报设计为例，其巧妙地运用了线条透视原理，使赛道面积由大到小渐变，两侧线条逐渐收敛，为观者营造出一条似乎延伸至遥远空间的赛道视觉感受（图2-22）。

图2-21 《瀑布》

图2-22 《看天下》海报

（3）运动视差。

运动视差是另一种在设计中常见的空间感知工具。当观察者在移动的时候，由于近处的物体相对运动速度快，远处的物体相对运动速度慢，从而形成了深度的感知。

例如，在动画片《狮子王》中，运动视差的原理就得到了很好的应用。在运动过程中，远处的长颈鹿在视野中停留的时间较长（由小渐变到大），而近处的大象在视野中的存在时间却转瞬即逝，从而形成了远处的长颈鹿相对运动速度较慢，近处的大象相对运动速度较快的视觉效果，进而塑造出空间感知（图2-23、图2-24）。

图2-23 《狮子王》截图

图2-24 运动视差图解

## 2.单眼透视线索在数字产品中的应用

在游戏和动画设计中，透视视觉线索的运用更为关键。通过透视视觉线索设计，游戏或动画中的角色和场景具有更加鲜明的立体感和空间感。图2-25展示了单眼线索在数字游戏环境中的应用。前景中的角色定位了视觉焦点，引导玩家的视线深入场景中。木板上的汇聚平行线、远处物体的逐渐缩小以及树木和建筑的层叠重叠，共同创造出了强烈的立体感和空间深度。画面清晰地划分出了前景、中景和远景，有效地引导玩家在游戏世界中感知空间和深度，增强了沉浸式体验。单眼线索的巧妙设计是实现游戏内部丰富空间感的关键。

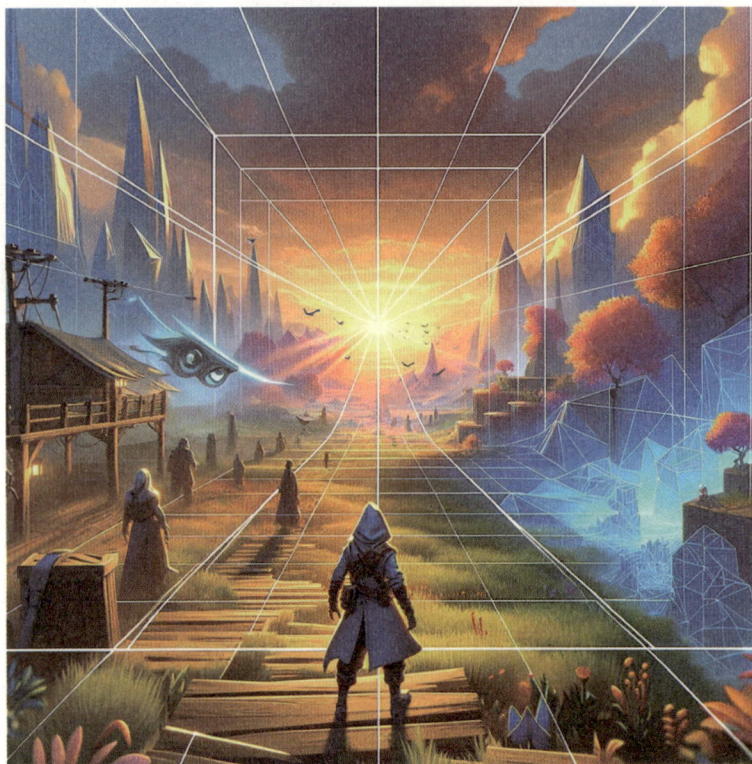

图2-25 单眼线索在数字游戏中的应用

### 3.双眼透视线索在虚拟现实中的应用

双眼透视线索在虚拟现实中的应用涵盖了3D技术、虚拟现实（VR）、增强现实（AR）和混合现实（MR）等领域。这些技术通过模拟双眼视差，将图像信息处理成接近双眼各自观察到的图像，并借助3D眼镜、VR头盔等辅助工具，使用户能够感知到深度和立体效果。

奇遇MIX是爱奇艺·奇遇推出的一款全新混合现实旗舰产品，主要利用了人类视觉系统中的双眼视差效应。奇遇MIX搭载了两颗1600万像素的全彩摄像头，能够实时捕捉现实世界的画面，并将其与虚拟现实世界融合，实现混合现实的效果。例如，《恐龙星球MR》是奇遇MIX上的一款应用，用户可以通过该应用体验虚拟和现实相结合的场景。用户可以切换不同种类的恐龙，以及观察恐龙的动作和角度。在体验中，恐龙的细节和立体感表现出色，当恐龙向用户冲来时，用户会本能地躲避。然而，在与现实融合的过程中，画面可能仍存在一些粗糙之处，如恐龙在地面上的悬浮感较强等，但这些问题可以通过优化来改进。它的应用商店提供了丰富的娱乐内容，包括第一人称射击（FPS）类游戏和体感运动等，甚至还有经典游戏《愤怒的小鸟》的虚拟现实版本。在这款游戏中，用户需要使用两个手柄模拟打弹弓的动作，然后松手发射小鸟（炮弹），既真实又有趣，让人欲罢不能。

这款MR产品通过运用双眼透视线索在虚拟现实中实现了混合现实的效果。通过实时获取现实世界的画面并与虚拟世界进行融合，用户可以获得更加真实和沉浸的体验。这种技术在游戏、娱乐和其他领域中具有广阔的应用前景。

> **扩展知识**
>
> 双眼透视线索在医学中有广泛的应用。2021年，哈尔滨医科大学附属第一医院利用混合现实技术，通过拓影手术导航系统和3D可视化技术实现精准的医学影像可视化。医生可以佩戴MR眼镜观察患者的病灶情况，并进行术前评估、规划和操作演练。这样的技术帮助医生更准确地了解病变的位置、大小和周围组织的关系，从而制订精准的手术方案。通过实时的双眼透视线索，医生能够在手术过程中精确导航，并最大限度地提高手术的成功率和准确度。这种技术的应用为医生带来了便利，提高了骨科和其他外科手术的质量和效果。

无论是单眼线索还是双眼线索，其在设计中的运用都大大提升了作品的视觉效果和艺术性。设计师需要根据具体的设计需求和目标，灵活运用和掌握这些视觉线索，以达到最佳的设计效果。

## 三、知觉的基本特性

德国的格式塔心理学（Gestalt Psychology）于20世纪初带来了关于视觉知觉的理论。"格式塔"是德语"Gestalt"的翻译，其含义是整体，或称"完形"。该学派重点研究了人类是如何在知觉层次上理解事物，其核心观点是"整体大于部分之和"，并由此派生出了若干关于知觉的规律。

### （一）知觉的选择性

在知觉范围内，人们的注意力会自然地聚焦在某个中心，使得这个中心在人们的感知中显得特别清晰，而其他部分作为背景相对模糊，这种现象会主观地影响人们知觉的组织。在格式塔规律中，这就是图形和背景感知规律的体现。

如图2-26所示，如果人们的视觉焦点集中在黑色部分，人们可以看到一个回眸的年轻女子的形象；如果把焦点集中在白色线条上，将

图2-26 知觉的选择性

黑色部分视为背景，那么就会看到一位老妪低头的形象。这就是知觉选择性的一种表现。

### （二）知觉的整体性

知觉的整体性指的是人们根据自己的知识和经验，将直接作用于感官的不完整刺激整合成完整且统一的整体。格式塔心理学派对知觉的整体性进行了深入研究，并提出了以下几个组织原则。

#### 1.接近性

人们往往倾向于将在空间和时间上接近的物体感知为一个整体，这就是接近性原则（图2-27）。

三个距离接近的黑点组成的一些线条，且在竖直方向上稍向右倾斜。通常人们不会以另一种结构去感知它，即便尝试以其他结构去感知它，也会感到困难。

图2-27 接近性

## 2.相似性

人们往往会把形状、颜色、大小、亮度等物理特性相似的物体感知为一个整体，这就是相似性原则（图2-28）。

把形状相同的圆圈和黑点各自感知为一组，而不太可能将一个圆圈和一个黑点感知为一个整体。

● ● ● ○ ○ ○ ● ● ○ ○ ○ ● ● ○ ○

图2-28 相似性

## 3.连续性

人们倾向于将具有连续性或共同运动方向的物体作为一个整体进行感知，这就是连续性原则（图2-29）。

人们会自然地把它感知为两条自然且连续的相交曲线*AC*和*BD*。这表明连续性对我们整体感知的影响力是巨大的。

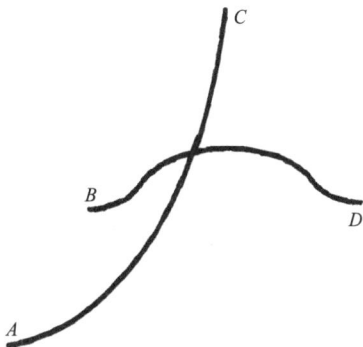

图2-29 连续性

## 4.求简性

在感知过程中人们会倾向于寻找最简单的形状，这就是求简性原则。在复杂的模式中，感知也倾向于找出最简单的组合（图2-30、图2-31）。

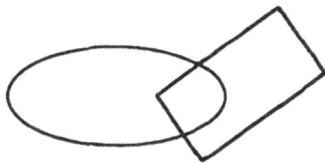

图2-30 求简性

一
只
鸟
在房顶上

图2-31 实际应用

将图2-30解释为一个椭圆和一个右侧被切割的直角形状，接触一个左边被切除了弧形的长方形。但实际上它更简单，即一个完整的椭圆和一个完整的长方形互相重叠。

当对一个复杂对象进行感知时，若无特定要求，人们往往会倾向于将对象视为有组织且简单的图形。比如，图2-31很容易被自然地按照熟悉的方式识别为"一只鸟在房顶上"。

### 5.封闭性

感知一个熟悉或连贯的模式时，即使其中某个部分缺失，感知也会自动将其补全，这就是封闭性原则。一个经典的例子是苹果公司的商标。虽然商标中的苹果形状有一个缺口，但人们仍会自动将其识别为一个完整的苹果形状。这是因为大脑倾向于将图形视为封闭且完整的形状（图2-32）。

图2-32　苹果公司商标

### （三）知觉的理解性

知觉的理解性指的是对知觉对象进行解读和理解的过程。例如，标点符号"？"，我们依据经验和知识知道它代表的是提问；而"！"则表示兴奋或警示。

如图2-33所示，将其感知为陶瓷花瓶，还是人物剪纸，很大程度上取决于个人的知识、经验以及对知觉对象与背景的选择。习惯于将黑色视为知觉对象或热衷于剪纸艺术的个人，往往会首先将其感知为剪纸；而习惯将白色视为知觉对象或热爱陶瓷艺术的个人，则更可能首先将其感知为陶瓷花瓶。

图2-33　知觉的理解性

**设计提示**

　　在用户体验设计中，设计师需要了解用户对界面的理解性，以优化产品的易用性。例如，在App设计中，"垃圾桶"图标通常被理解为删除功能，"放大镜"图标通常被理解为搜索功能。这些都是利用知觉的理解性让用户快速理解和使用功能。

### （四）知觉的恒常性

　　知觉的恒常性是指从不同的角度、距离，或在不同的光照条件下观察熟悉的物体时，尽管物体的实际大小、形状、亮度、颜色等物理特性可能会因为环境的改变而不同，但人们对物体的知觉却通常倾向于保持稳定不变。这是因为人的大脑会通过对客观事物进行稳定的组织和加工，从而实现对其恒定性的知觉。主要包括以下几种类型。

#### 1.亮度恒常性

　　即使照射物体的光线强度发生变化，人们对物体的亮度知觉仍能保持稳定。关键在于从物体反射出的光的强度与背景反射出的光的强度的比例保持一致。例如图2-34中，尽管两个正方形被置于不同亮度的背景中，但人们仍会知觉它们为同样的颜色。

图2-34　亮度恒常性

#### 2.大小恒常性

　　物体在视网膜上的映像大小会随着物体距离我们的远近而改变；然而，在判断物体的大小时，人们通常不仅仅依据视网膜上的映像大小，而是将其知觉为大小稳定不变的。如图2-35所示的两条线条，虽然看起来大小不同，但实际上它们是等长的。这是因为深度线索影响了人们对大小的知觉。

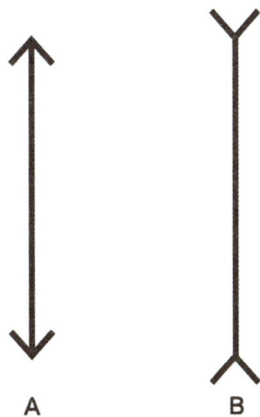

图2-35　大小恒常性

### 3.形状恒常性

即使知觉物体的角度有很大改变，人们仍能将其知觉为其本质的形状。例如，当一扇门在人们面前打开时，尽管落在视网膜上的映像会随之发生变化，但人们始终将其知觉为长方形（图2-36）。关于深度知觉的信息，如倾斜度、结构等，是人们保持形状恒常性知觉的重要线索。

图2-36 形状恒常性

### 4.颜色恒常性

尽管外界环境发生变化，人们对物体颜色的知觉仍能保持稳定。这是因为人们根据物体的固有颜色和亮度来感知它们。人对物体颜色的知觉与人的知识经验、心理倾向有关，不只是指物体本身颜色的恒定不变。

知觉的恒常性对人类的生存和发展有着重要意义，知识经验对知觉的恒定性起到关键作用。在知觉某物体时，人们会利用以往的知识经验进行感知，从而保证人们能够根据客观事物的实际意义适应环境。如果人类的知觉不具有恒常性，那么适应环境的活动就会变得复杂而烦琐。因此，知觉的恒常性不仅对客观事物的真实面貌有了精确知觉，而且也成为人类适应环境的重要能力。

设计与知觉是相互影响、相互作用的，设计能够引导和影响人们的知觉，而知觉则帮助人们理解和感知设计。

# 第三节　设计与认知过程

设计是有目的的创造活动，通过策划元素解决难题。认知则涵盖感觉、知觉、想象、记忆、思维等心理过程，助力洞察需求、激发灵感、评价成果。两者交织，设计展现认知智慧，认知深化设计内涵。

## 一、注意

注意是心理活动对特定对象的关注和聚焦。它是心理活动的核心组成部分，但注意本身并非一个独立的心理过程，而是感觉、知觉、注意、记忆、思维等心理过程的共同特征。心理过程的出现，都具有一定的针对性和核心内容。认知活动有认知加工的对象，情感过程有所要表达的对象，意志过程也是有目的性地从事某种活动，朝向某个目标。这些心理活动的对象同时也是注意的对象。

### （一）注意的外部表现

当人们聚焦注意时，常常伴随特定的心理变化和外在表现。注意最显著的外在表现主要包括适应性行动、无关动作的停止以及呼吸运动的改变。适应性行动表现为感知器官朝向刺激源，如倾听声音时将耳朵转向声音的方向。注意力高度集中时，无关的动作会停止，例如入神地盯着屏幕而呆立不动。此外，在集中注意力时，呼吸会变得微弱而缓慢，甚至出现暂时的停顿，如在音乐会上人们安静地聆听，呼吸轻微到几乎察觉不到。

### （二）注意的种类及其规律

注意分为三种：无意注意、有意注意、有意后注意。区别在于注意时有无自觉目的和意志努力，即人们在注意时的主动性和积极性不同。

#### 1.无意注意

无意注意是一种没有自觉目的也不需要意志努力，自然而然地发生的注意。例如人们看到的色彩、光线的明暗、画笔的大小、听到的鸟叫声等。

#### 2.有意注意

有意注意是一种自觉的、目标导向的注意，需要一定的意志努力。例如，阅读图书时，人们会有意识地将注意力集中在书页的文字上，并努力理解作者的意思，同时积极记忆关键信息。这种有意注意的行为可以帮助人们更好地理解和吸收知识，提高阅读效果。有意注意是具有明确目标并且在必要时需要付出一定意志努力的注意。这种注意形式是主动的、需要通过一定的意志力来实现的，有时候也被称为意志的注意。

#### 3.有意后注意

有意后注意是在预设目标下，不需要额外意志努力的注意形式。它介于有意注意与无意注意之间，有明确的目标，但不需要意志的强制。以学习乐器为例，初学者需要有意注意以集中精力练习，但随着技艺的熟练，他们可以更自然地投入，这即是有意后注意。

> **扩展知识**
>
> 　　广告和营销：广告制作人员常常利用无意注意来引起观众对他们的产品或服务的兴趣。他们可能会使用鲜明的色彩、独特的设计或者吸引人的音乐来吸引观众的注意力。然后，可能会使用有意注意的策略，比如重复信息或使用逻辑论证，以增加消费者购买的可能性。
>
> 　　心理学和精神疾病治疗：在心理治疗中，治疗师可能会利用有意注意和有意后注意的策略来帮助患者克服困扰。例如，他们可能会引导患者有意地关注他们的感觉和思维，然后通过练习和时间，这些注意可能转变为有意后注意，使患者能够更自然地处理情绪和思维。

　　有意后注意是由有意注意转变而来的，主要条件包括明确的活动目的、深入的理解和长期的坚持。当一个人的注意力被工作或学习本身吸引，而非仅仅为了达成目标，他就已经进入了有意后注意的状态。作为一种高级形式的注意，有意后注意具有高稳定性，是从事创新活动的关键条件。

　　以上三种注意在人的实践活动中联系紧密，可以互相转换。可以根据注意的规律，在工作学习中合理组织自己的注意，以提高工作、学习的效率。

## 二、记忆

　　记忆是大脑对过去经历的反映。记忆的基础步骤包括识记、保持、回忆。识记是对各种事物的接触，在大脑皮层上形成暂时的联系并留下记忆痕迹的过程；保持则是将这些暂时的联系作为经验储存在大脑中；回忆是指在过去接触的事物不在眼前时，能够再次想起来的过程。这三个基础步骤是密不可分的。识记、保持是回忆的前提，而回忆是识记、保持的结果。

### （一）记忆的分类

#### 1.瞬时记忆、短时记忆和长时记忆

　　根据储存信息的时长，记忆可以分为瞬时记忆、短时记忆和长时记忆（图2-37）。瞬时记忆是指刺激输入感觉器官后，保持的时间在0.25~2秒的记忆。瞬时记忆的特点是，信息保留有鲜明的形象性，保持的时间极短，容量较大，但感官记忆痕迹易衰退，只有当记录的信息受到特别注意时，该信息才能被转入短时记忆。

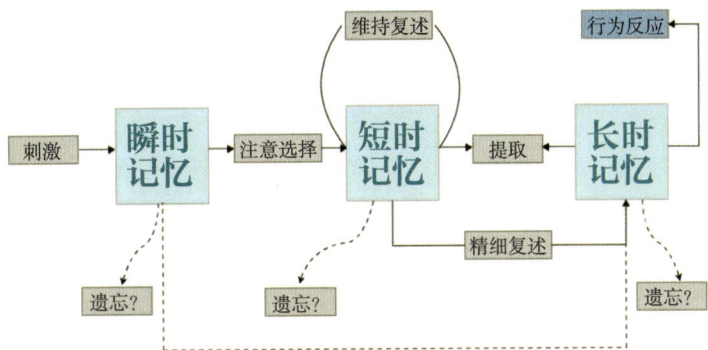

图2-37 记忆的分类

　　短时记忆是处于感官记忆和长时记忆之间的一个记忆阶段，是保持在1分钟以内的记忆。比如，打开手机看到一个新的电话号码，想记住它以便拨打，当关闭电话应用并打开拨号盘时，需要依赖短时记忆来记住那个号码。在拨完电话之后，可能很快就会忘记这个号码，因为它没有被转移到长期记忆中，这就是短时记忆的一种典型应用。这种记忆的容量也非常有限，一般只能存储5~9个信息项目。如果对记忆内容加以复述，存储量可达10~12个信息项目。

　　长时记忆是指信息经过充分加工后，在头脑中长久保持的记忆。一般能保持数年甚至终身。长时记忆的容量很大，可能高达数10亿个信息条目。存储在长时记忆中的信息并非实际事物的真实写照，而是经过了一个解释加工的过程，因而会出现偏差和更改。能否有效地从长时记忆中提取知识和经验，在很大程度上取决于当初解释这些信息的方法。如果记忆材料具有一定意义或是与已知信息相吻合，存储和提取过程就会容易得多。

### 2.机械记忆、关联记忆和理解记忆

　　从记忆的方式来看，可以分为机械记忆、关联记忆和理解记忆。机械记忆不需要理解记忆，只需牢记其表现形式。这种记忆方式常用于记忆无实际意义或与其他已知信息无直接关系的内容，如历史年代、电话号码、外语词汇、化学元素符号等。关联记忆则涉及信息间的联系或与已知信息的关联。而理解记忆通过理解信息的含义进行记忆，这种记忆方式可以通过解释过程来获取信息，使得记忆更为高效。

### 3.外显记忆和内隐记忆

　　外显记忆和内隐记忆代表了记忆过程的两种不同形式，区别在于意识参与的程度。外显记忆需要有意识地回忆和提取信息，它需要明确的评估、比较和推理等认知

过程的参与，并能通过语言进行描述。例如，我们在回忆学过的单词时需要有意识地进行回忆，才能将其提取并用语言表达。相反，内隐记忆不涉及意识的参与，主要关注运动和感知技能的学习，具有自动和反射的性质，其形成和提取并不依赖于有意识的认知过程，一般不能用语言来表达。比如，当我们看到一只兔子出现在厨房，会直观地感到不和谐，无须有意识地进行回忆，我们就可以察觉到兔子是一个异常元素，这就是内隐记忆的体现。我们无须有意识地进行场景分析，内隐记忆会自动识别并对异常元素产生感知（图2-38）。

图2-38　内隐记忆

## （二）记忆在设计中的应用

日常生活中，人们遇到的关于记忆的问题往往是容易遗忘和记错的。设计的一个重要理念就是通过弥补人的记忆短板，降低记忆负荷。人们并不总是需要精确地记住某些信息才能完成操作，而是经常借助于大脑以外的信息来完成日常活动。例如，当用户安装手机的SIM卡时，他们并不需要记住正确的安装位置，也无须他人帮助。用户只需参考SIM卡的形状和切口结构即可正确安装。这种记忆属于机械记忆（图2-39）。

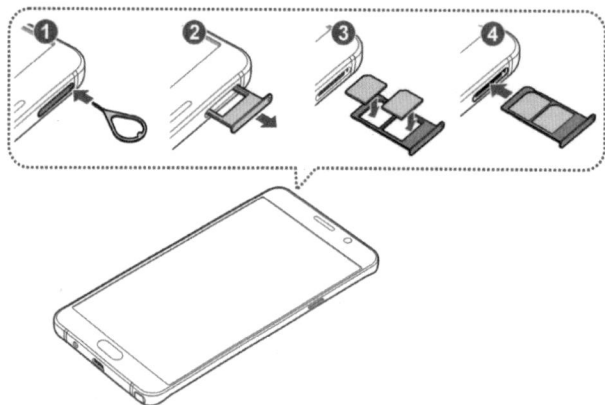

图2-39　减轻记忆负荷设计

HERO智能配药机就是一个降低记忆负荷的经典设计案例（图2-40）。由于健康状况，许多老年人需要长期服药。然而，他们有时可能会忘记服药或混淆药物剂量。

HERO智能配药机配备了10个药盒，可以根据用户设定的药品种类和剂量进行定时配药，并通过配套App进行吃药提醒。HERO智能配药机通过优化信息，规范老年人的服药流程，以增强他们的记忆能力。

图2-40　HERO智能配药机

记忆在设计中的应用主要是通过降低记忆负荷来弥补人类的记忆短板，例如设计可以利用可以直观反映其功能的产品，或者利用科技来帮助人们记住重要信息。记忆是人类认知过程中不可或缺的一部分，它影响着人们如何理解和处理信息，也决定了人们如何与环境进行交互。

## 三、思维

认识过程有由浅入深的两个阶段：一是感知阶段，反映事物外在的现象，获得形象性的感性知识，是认识的初期阶段；二是思维阶段，反映事物内部的本质和规律性，获得概括性的理性的知识，是认识的高级阶段。

### （一）思维的概念

思维是人们认识世界的高级阶段，它以已有知识为中介，概括、间接地反映事物。思维通过语言、表象或动作来实现，运用分析、综合、抽象等智力操作来处理感知信息，以将存储在记忆中的知识作为媒介，反映事物的本质和联系。

### （二）思维的特性

思维具有以下四种特性。

#### 1.概括性

基于大量感性信息，思维能提取并概括一类事物的共同本质特性或规律，还能概括出事物之间的各种关系，形成规律、原理等。比如，历史学者通过概括性的历史知识，能根据文物和文献资料间接地认识某一历史事件。

### 2.间接性

思维不直接反映作用于感觉器官的事物，而是借助某种媒介或知识经验来反映外界事物。这种媒介可以是符号、声音、图形、动画、文字等。人们思维的媒介不同，有的人倾向于文字推理，有的人倾向于画面思维，有的人倾向于对话方式进行思维，有的人倾向于用声音进行思维。

### 3.思维过程的不确定性

人的思维复杂且具有连续性和跳跃性。思维过程中，人们常常集中精力解决问题，而非记忆思维过程。例如，网页设计应提供多种浏览和导航方式，以便用户可以根据自己的思维和习惯来选择。

### 4.思维方式的多样性

面对同一问题，不同人的思维方式各异。有的人按照一定思维链逐步思考，有的人的思维受情绪驱动，有的人按照用户手册规则思考，有的人关注产品反馈思考，有的人根据自己的主观愿望思考。这些例子说明人的思维方式是多样的，对于同一个操作，不同的思维方式可能会产生不同的结果。设计应尊重并照顾到用户思维方式的多样性，例如，提供多种交互方式，包括文字输入、语音控制、手势操作等，以满足不同用户的需求。

> 🏅 **扩展知识**
>
> 教育领域：理解学生的思维特性，可以帮助教育者更有效地设计和执行教学计划。例如，可以根据学生的思维方式（如视觉思维、逻辑思维、音乐思维等）设计不同的教学方法，以提高教学效果。
>
> 市场营销领域：通过了解消费者的思维模式，公司可以更准确地定位产品，设计有效的营销策略。例如，公司可以研究消费者的购买决策过程，找出其关键影响因素，然后在广告和促销活动中突出这些因素。

### （三）思维的分类

思维复杂且多样，不同种类的思维有着显著的不同的性质。根据思维活动的内容与性质，可以将思维分为：实践思维、形象思维和抽象思维（逻辑思维）。

实践思维是通过实际行动解决问题的思维活动，也被称为动作思维。例如，汽车故障时，需要动手检查机器和零件，经过思考，发现故障原因并提出修复方案。

形象思维是以直观形象和象征为基础的思维过程。例如，艺术家在创作美术或音乐作品时，通常会用形象思维进行引导。

抽象思维则依赖于语言形式，通过抽象概念进行判断和推理，得出规律和命题。它的主要特征是通过分析、综合、抽象和概括等基本方法，揭示事物的本质和规律。逻辑思维，也称理论思维，涉及运用概念和理论进行思考。例如，理论家和科学家在探寻客观规律时、教师在传授理论知识时、学生在理解科学概念时都是运用了理论思维。

### （四）思维体验在设计中的应用

思维体验通过创新的方式激发消费者的好奇心，引导消费者积极思考，寻找解决问题的方案，使消费者获得良好的成就体验。

思维体验在许多产品上都有所体现。例如，迷宫益智玩具（图2-41）。这类玩具的设计目标是让用户通过思考和解决难题来找到通往出口的路径。设计师使用复杂的迷宫结构、旋转和移动的部件，以及隐藏的开关和机关来增加挑战性。迷宫益智玩具的设计激发了用户的思维活动和探索欲望。用户需要思考迷宫的结构，尝试不同的移动和旋转方式，并通过试错来逐步接近解决方案。在寻找通往出口的过程中，用户会获得成就感和满足感，同时也锻炼了他们的空间感知能力、逻辑思维和问题解决能力。这种设计方式让消费者在使用过程中积极参与，从而增强了产品的体验价值。

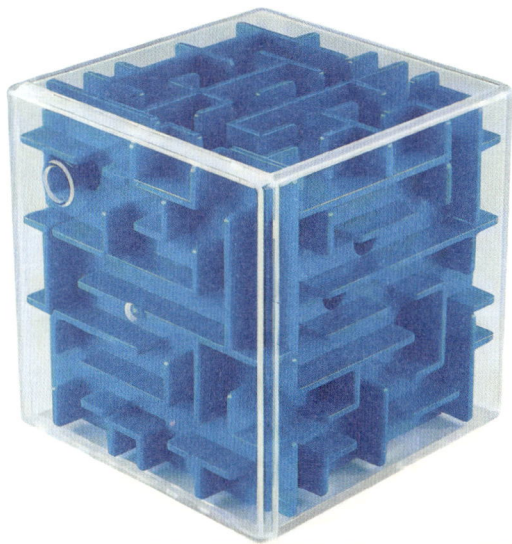

图2-41 迷宫益智玩具

在设计中，通过优化产品的感知特性，可以引起用户的兴趣和注意。良好的注意引导可以帮助用户更好地理解和使用产品；记忆的重要性在于设计需要考虑如何使用户更容易记住和回忆产品的使用方式和信息；思维在设计中也起着关键性作用。设计师可以通过创新和激发用户的思维活动，使用户积极思考、解决问题，并获得良好的成就体验。

设计与认知密切相关，充分理解认知过程可以帮助设计师创造出更符合用户需求和期望的产品，提升用户体验和满意度。

### ● 核心概念

感觉、知觉、注意、记忆、思维

### ● 思考题

1.在产品设计中，如何利用感知和注意的原理来引起用户的兴趣和注意力？

2.记忆在产品设计中的作用是什么？设计师应该如何考虑用户的记忆特点，使产品易于记忆和回忆？

3.思维和想象对于创新和用户体验有何重要性？请提供一个实际产品或应用的例子，说明如何通过思维和想象激发用户的积极思考和参与。

### ● 课题讨论

以设计中的认知过程为主题，选择感觉、知觉、注意、记忆、思维、想象等内容，进行讨论并提供具体案例。在讨论中，要求学生积极参与，分享自己的见解和观点。

# 设计与色彩

第三章

## | 教学目标 |

本章主要目标是让学生掌握色彩的基本属性和三要素，理解色彩的生理作用和感知特点、色彩的心理效应和情感联系以及不同个体对色彩的认知差异和偏好。

## | 教学重点 |

1.色彩对人的生理作用和感知效果。
2.色彩的心理效应和情感联系。

## | 推荐阅读 |

[1]约翰·罗斯金. 现代画家4[M]. 唐亚勋，译. 北京：生活·读书·新知三联书店，2012.
[2]约翰内斯·伊顿. 色彩艺术[M]. 杜定宇，译. 上海：上海世界图书出版公司，1999.

## | 教学实践 |

根据"实践作业"中的具体要求，让学生通过图表或报告的形式展示他们的调查结果和色彩方案。重点查看调查内容是否清晰、准确，展示的形式是否能有效地传达调查结果和色彩方案。

色彩和形状是人们通过视觉感知世界最直接的要素。英国著名作家、艺术评论家约翰·拉斯金（John Ruskin）在其《现代画家》一书中说："色彩在所有可视的事物中是最神圣的元素。"[1]的确，色彩一直在为人们的生活增添光彩。

# 第一节　色彩基础知识

色彩的基本性质包括色彩的三要素，即色相、纯度和明度。正如《数字黑白影像圣经：摄影师的Photoshop & Lightroom暗房技术》（*Digital Black and White Image Bible: Photographer Photoshop & Lightroom Darkroom Technology*）一书中所说："所有的视觉现象都是由色彩和明度造成的。"[2]视觉能感受到的色彩影响着人们的行为和心理，人们在充分享受色彩，发挥色彩的信息传达和审美功能时，已越来越重视对色彩的研究，对色彩的敏感和关注使人们的生活变得丰富多彩。

## 一、色彩的基本属性

### 设计提示

设计中的色彩通常在显示器和打印出来的结果之间存在差异。这是因为电子显示器使用加色法（红、绿、蓝）产生颜色，而打印则使用减色法（青、洋红、黄、黑）。理解这一点对于预期设计效果至关重要。

### 扩展知识

在摄影中，胶片和数码摄影的色彩再现方式不同。胶片摄影通过化学反应捕捉和再现颜色，而数码摄影则通过电子传感器转换光线为数字信息。理解这些差异可以帮助人们在拍摄和处理图像时做出更好的决策。

---

[1] 约翰·罗斯金. 现代画家[M]. 唐亚勋，译. 北京：生活·读书·新知三联书店, 2012.
[2] 莱斯利·阿斯海姆，布莱恩·奥尼尔·休. 数字黑白影像圣经：摄影师的Photoshop & Lightroom暗房技术[M]. 天津生态城动漫园，张炜，译. 北京：电子工业出版社, 2011.

## （一）光与色的关系

人眼可以感受到的电磁波的波长为312.3~745.4nm，这段波长范围的光被称为"可见光"。色彩是通过眼睛、脑和人们的生活经验所产生的一种对光的视觉效应。简单来讲，色的产生是因为人们大脑能对不同波长的光进行区分。每种颜色的波长不同，赤、橙、黄、绿、青、蓝、紫光的波长依次变短（图3-1）。对于同一道光，不同的生物甚至同是人类（病态与非病态），也可能看到不同的色。

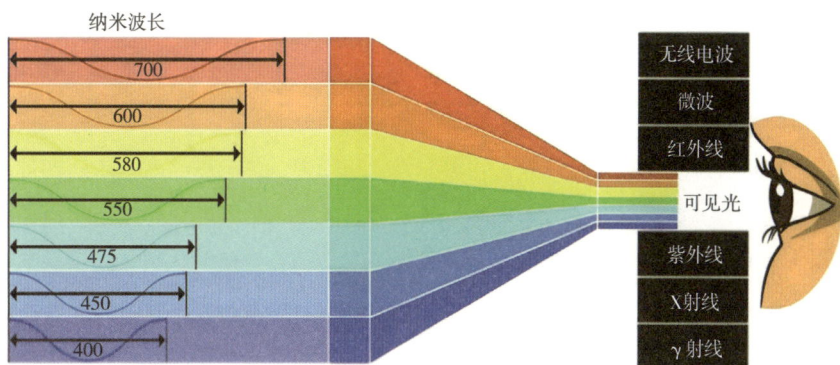

图3-1 可见光谱

🎖️ **扩展知识**

发现光和色的关系其实出于偶然。在17世纪后半期，英国科学家牛顿为改进望远镜的清晰度开始研究光线通过玻璃镜的现象。1666年，他进行了著名的三棱镜实验，将一房间变得漆黑，只在窗户上开一条窄缝，让太阳光射进来并通过一个三角形挂体——玻璃三棱镜。结果出现了一条由七色组成的光带，而不是一片白光，七种颜色按照波长从长到短依次排列，分别是赤、橙、黄、绿、青、蓝、紫。这条七色光带被称为太阳光谱。同时，七种颜色的光束如果再通过一个三棱镜还能还原成白光（图3-2）。牛顿的实验揭示了光和颜色的关系，为色彩研究奠定了基础。

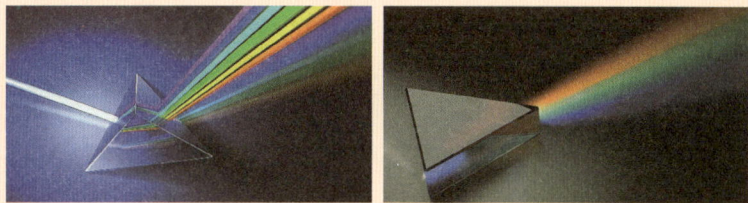

图3-2 三棱镜实验

色彩是以色光为主体的客观存在，对于人则是一种视像感觉。这种感觉的产生基于三种因素：一是光；二是物体对光的反射；三是人的视觉器官——眼睛。即不同波长的可见光投射到物体上，有一部分波长的光被吸收，一部分波长的光被反射出来刺激人的眼睛，经过视神经传递到大脑，形成对物体的色彩信息，即人的色彩感觉。

光、眼、物三者之间的关系，构成了色彩研究和色彩学的基本内容，同时亦是色彩实践的理论基础与依据。

### （二）光色与颜料色

光色与颜料色是两种不同属性的概念，光色是一种物理性的光学现象。光可分为两种：一种是自然光，主要是阳光，还有月光、星光等；另一种是人造光，如普通室内灯光、闪光灯、霓虹灯、烛光等。颜料色是指从光源来的光若碰到纸或颜料等不透明的物体，一部分被吸收，剩下的反射入眼睛所看到的色。例如，红苹果不是苹果本身发出的红光，而是撞击苹果的光。除红光外，所有其他光均被苹果吸收。最终，只有红光从苹果上反射出来，因此可以看到它们。也就是说，人们看到的对象的颜色是该对象实际上未吸收的颜色。

### （三）光的三原色

色彩中不能再分解的基本色为原色。原色是由其他色彩混合不出来的色，原色的混合能产生出其他色彩，但其他色的混合不能还原成原色。

根据色彩的物质属性，色光三原色分别是红色、绿色、蓝色，分别缩写为R、G、B（图3-3）。基本的色彩模型，也称艺术家模型，是建立在红、黄、蓝三种主要颜色基础上的。通过这三种主要颜色的混合可以得到其他所有颜色。用这些基本的色彩样本很容易创造出设计中需要的色彩方案。

与艺术家模型不同，设计师通常使用如下两种色彩模型：RGB（红、绿、蓝）和CMYK（品红、黄、青和黑）。之所以使用这两种模型是因为红色、黄色和蓝色无法成功创建出屏幕灯光或者商业印刷中的所有颜色。RGB是一个加色系统，加入的颜色越多，所得的色彩就会越亮（图3-4）。CMYK是一个减色系统，加入的色彩越多，所得的色彩就会越暗（图3-5）。黑色用于青色、品红、黄的补充，因为仅靠它们混合在一起无法创建出真正的黑色。自然而然地，RGB系统用于屏幕的设计，CMYK系统用于印刷。

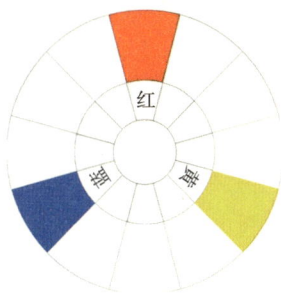

图3-3 色光三原色

图3-4 RGB加色模型
（用于屏幕的显示）

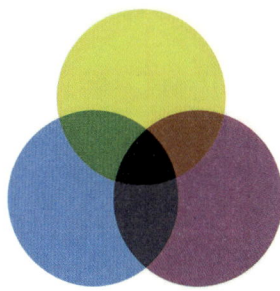

图3-5 CMYK减色模型
（用于商业印刷领域）

### 💡 设计提示

　　RGB和CMYK确实是两种常用的色彩系统，它们各自在特定环境中表现优秀。RGB色彩模式通常用于电子显示屏，如电脑、电视和手机屏幕，因为这些设备使用光来产生色彩。而CMYK色彩模式则是印刷业的标准，因为这种模式更适合产生色彩。

## 二、色彩三要素

　　色彩的三要素是指色相、纯度、明度。这三个基本要素与人们感知到的光波有关。它们之间既相对独立，又相互关联、相互制约。

### （一）色相

　　色相是区别不同色彩的名称，用来辨别色彩的差异。例如红、黄、蓝。色彩学家把赤、橙、黄、绿、蓝、紫等色相以环状形式排列，如果再加上光谱中没有的红紫色，就可以形成一个封闭的环状循环，从而构成色相环，使色相呈循环的秩序。由约翰斯·伊登（Johannes Itten）创建的色相环已经成为半个多世纪以来在设计和艺术领域很有影响力的技术工具（图3-6）。

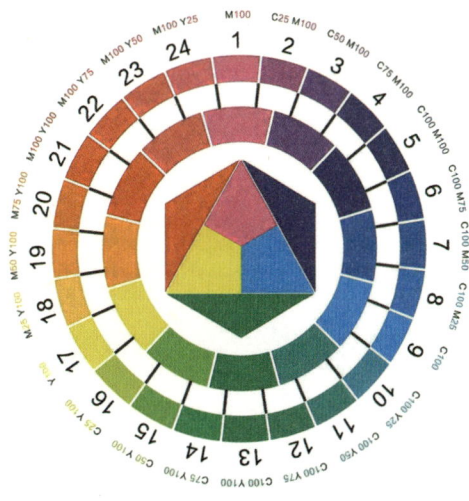

图3-6 伊登色相环

## （二）纯度

色彩纯度是指色彩鲜艳的程度。纯度最高的颜色即色调中最强的颜色，为纯色。纯度有阶段差，依阶段可分为低纯度、中纯度、高纯度，灰色排在最低纯度的位置（图3-7）。PCCS 色彩体系将纯度分为 10 级，无彩色为 0，纯色为 10s。但是 10s 是用色卡无法再现的颜色，所以色卡中的纯色是 9s（各色相的代表色都是纯度为9s的纯色，即我们在色相环中看到的那些颜色）（图3-8）。高纯度色彩通常指的是色彩鲜艳、纯净，未混入白色、黑色或其他颜色的色彩（图3-9）。高纯度色彩在设计中的应用可以带来强烈的视觉效果和情感反应，许多设计师喜欢使用高纯度的色彩来表达创意和想法，营造出强烈的视觉冲击力（图3-10）。

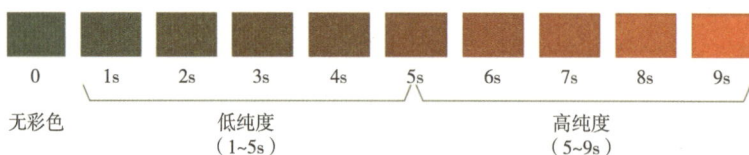

| 0 | 1s | 2s | 3s | 4s | 5s | 6s | 7s | 8s | 9s |

无彩色　　　　低纯度　　　　　　　高纯度
　　　　　　（1~5s）　　　　　　（5~9s）

图3-7　纯度的等级变化

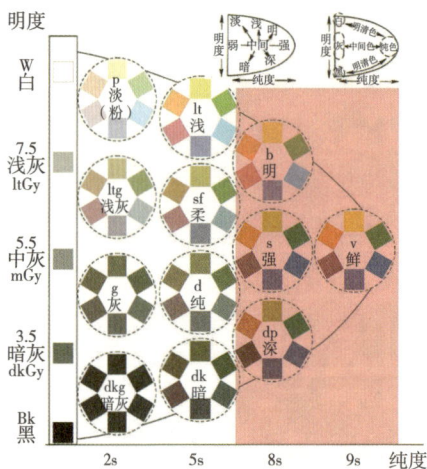

图3-8　高纯度色彩在PCCS色调中的范围

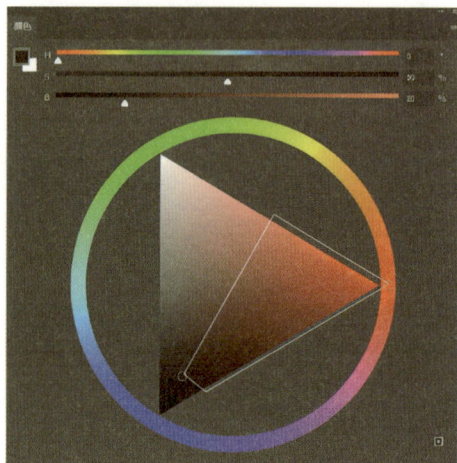

图3-9　高纯度色彩在色轮中的范围

图3-10　高纯度色彩的配色　作者：丁佳敏

## （三）明度

明度是指色彩强烈的程度，色彩会因为光线的强弱而产生明暗的变化。

黑色和白色完全消除了色相和饱和度，只剩下明度。PCCS色彩体系将明度分为17级，每0.5级为一个阶梯。为了方便理解，也可以粗略地将其分为9级，黑为 1.5，白为9.5；以5.5级灰为中间点，1.5~5.5为低明度，5.5~9.5为高明度。明度差越大颜色对比越明显，明度差越小则对比越弱（图3-11~图3-13）。

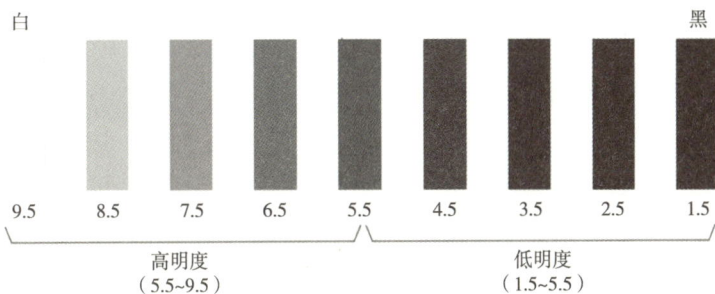

图3-11　明度变化图

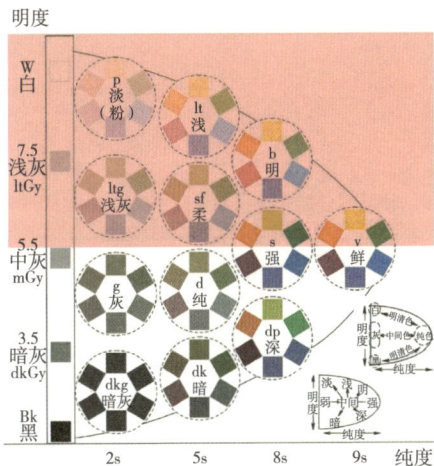

图3-12　高明度色彩在PCCS色调中的范围

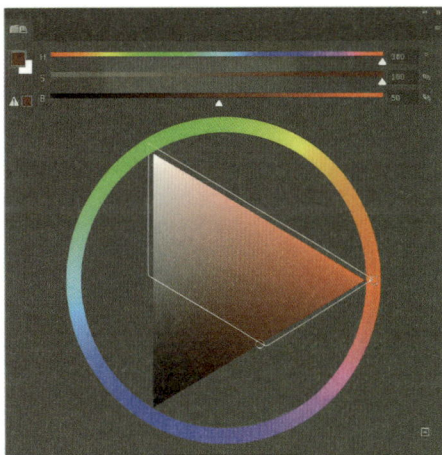

图3-13　高明度色彩在色轮中的范围

图3-14、图3-15是大卫·霍克尼（David Hockney）的一幅画的两个版本，图3-14明度低，图3-15明度高。

在平面设计中，不同明度的颜色会带给人不同的感受，高明度会使人感到温暖、兴奋，低明度会使人感到寒冷且沉静、压抑。

图3-14 明度低

图3-15 明度高

将明度与纯度联系在一起，可以将其分为四种配色类型，分别是高明度/高纯度、高明度/低纯度、低明度/高纯度、低明度/低纯度（图3-16~图3-20）。

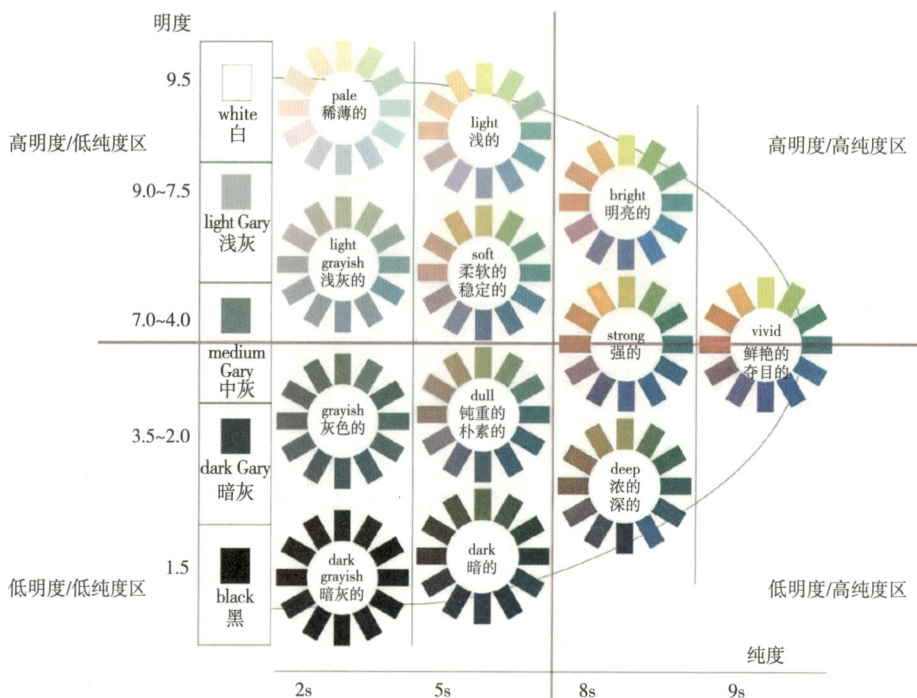

图3-16 纯度和明度配色

图3-17　高明度高纯度　作者：张小露

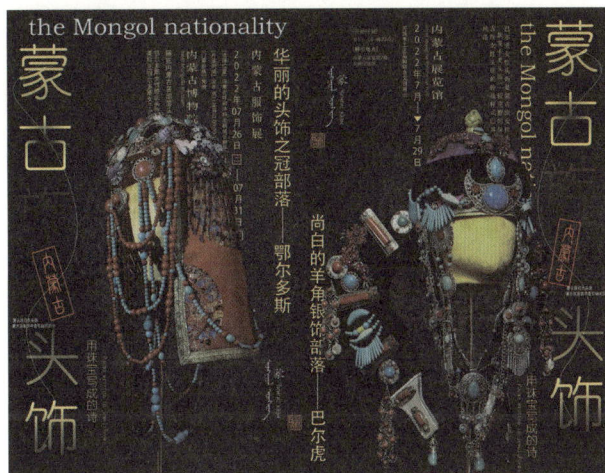

图3-18　低明度高纯度　作者：崔悦

图3-19　高明度低纯度　作者：郭娜、刘慧敏

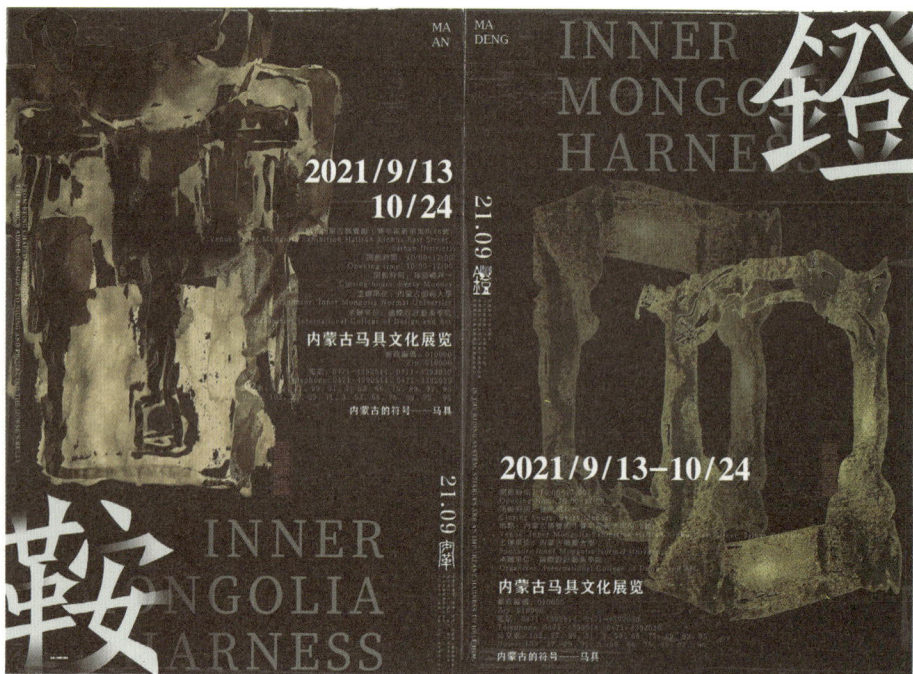

图3-20　低明度低纯度　作者：丁佳敏

### 三、自然色彩、绘画色彩与设计色彩

色彩源于自然界，源于光，是艺术表现的重要语言。绘画色彩通过塑造自然景物的真实性来抒发作者情感，是塑形的语言与情感的载体。绘画色彩注重光源色、固有色和环境色的相互关系与影响，再现画面色彩的真实性。而设计色彩是打破自然色彩，将其进行归纳、概括和提炼，创造性地表达主观思想。

#### （一）自然色彩

自然色是自然的颜色，它们代表自然产生的纯自然色，不依赖于人类或社会关系。比如，夕阳的橙红色、沙漠的棕褐色、大海的蓝色、秋天的金黄色、冬天的银灰色。自然的色彩不断变化，并出现在昼夜、春夏的自然变化中。它看起来是不同的颜色。

#### （二）绘画色彩

绘画是人类最早记录活动的方法之一。原始祖先使用绘画装饰洞穴、器皿和身体，通常画的是劳动场景、祭祀场景、游戏和各种生活场景。随着社会经验的不断积累，人类需要在精神上表达更多，而使用色彩来提升复杂的艺术水平是许多艺术家的目标。尤其是在19世纪后期，摄影技术的发明使画家免除了作为记录器的绘画工作，并且随着颜色的独立出现，人们不再关注实物的含义，只将其作为一个追求工具。通常可以将绘画的颜色理解为写生的颜色。只要显示出写生对象的颜色特性，就可以研究颜色的基本规则，以研究不可重复的特性来关注感知处理。

### （三）设计色彩

设计色彩是艺术家在自然色彩基础上的一种延伸，是从感性思维向理性思维的过渡。

在日常生活中，经验丰富的设计师往往能借用色彩引起人的心理联想，从而达到设计的目的。作为造型艺术的关键元素，设计色彩是基于自然和美学原理，通过设计师的主观认识对自然色彩进行再创作的艺术形式。设计色彩注重色彩的纯粹性和色域对比，具有更强的主观性，其表现形式是在基础色彩写生训练之上的表现方式，抛开固有色、光源色、环境颜色等因素，通过造型和色彩的简化、夸张变形、解构重组和平面化等手法进行创新表达。设计色彩以描绘性的艺术语言为主，强调色彩的情感表达和艺术语言的符号化，强调色彩的对比与调和、统一与单纯、对称与均衡、反复与渐变、秩序与节奏等元素的运用。

# 第二节　色彩的生理作用与感知

色彩的变化是由人视觉生理上的不同反映感知出来的视觉印象。人的眼睛不是绝对完美无缺的，它有本身的生理局限性（如盲点），人在观看物体的时候会因视觉功能的局限性而产生一些视知觉的生理现象。

## 一、色彩的视觉适应

距离适应——人的眼睛能够识别一定距离内的形状与色彩，这主要是基于视觉生理机制具有一定的调节远近距离的适应功能，也就是说具备一定的视觉生理功能（眼球中的晶状体可以通过自身的曲率调节）。

明暗适应——明适应是视网膜对光刺激的敏感度降低的结果，暗适应是视网膜对光刺激的敏感度升高的结果。

颜色适应——人眼在颜色的刺激作用下引起颜色视觉变化。色的恒常性指人们头脑和记忆中对体验过的事物所形成的色彩印象与色彩知觉度的联系。

## 二、色彩的同时对比

色彩的同时对比是由于眼睛同时受到不同色彩的刺激时，色彩感觉会发生互相排斥的现象，结果使相邻之色都带有相邻之色的补色光。如图3-21所示，凝视图片观察后，视觉会对色彩产生同时对比，图片中的白色圆点会变化成灰色或黑色圆点，可以试着寻找一下图片中到底有没有黑点。

图3-21 到底有没有黑点

同时对比的规律有以下四条（图3-22）。

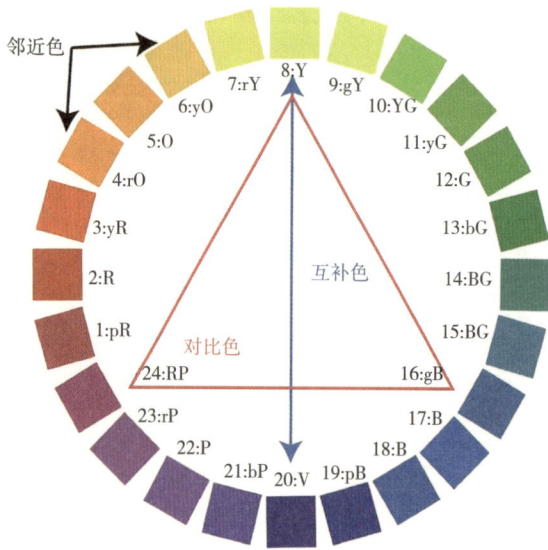

图3-22 同时对比规律

对比色对比——色相环中120°~150°是效果较强的对比（图3-23）。亮色与暗色相邻，亮色更亮，暗色更暗；灰与艳并置，灰色更灰，艳色更艳。冷暖色也是同样结果。

图3-23 对比色对比

互补色对比——色相环中相距180°的对比是最强的对比（图3-24）。

邻近色对比——色相环中相邻30°的对比。补色相邻，由于对比作用，各色都增加了补色光，同时增加了色彩艳度（图3-25）。

中差色对比——同时对比效果随着纯度的增加而增加，相邻之处边缘部分最为明显。色彩的同时对比，在交界处更为明显，这种现象又称为边缘对比（图3-26）。

伊顿在《色彩艺术》（*The Art of Color*）中指出："连续对比与同时对比说明了人类的眼睛只有在互补关系建立时，才会满足或处于平衡。"连续对比是指在连续的时间不同的颜色所产生的色彩对比，具有历史性的视觉特征。比如先注视红色，后注视绿色，此时感受的绿色偏青绿。同

图3-24 互补色对比

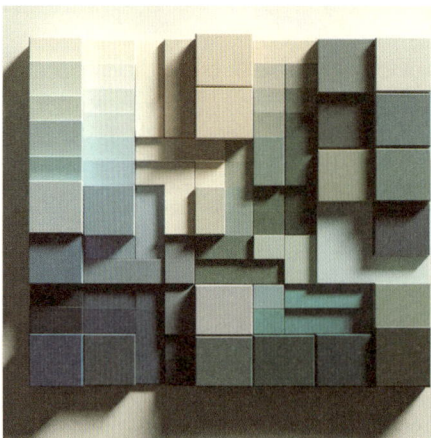

图3-25 邻近色对比

图3-26 中差色对比（图片来源：优设网）

时对比是指在同一时间同一视域之内的色彩对比，具有同时性的视觉特征。

伊顿提出的"补色平衡理论"揭示了一条色彩构成的基本规律。当色彩构成缺少生气时，互补色的选择是十分有效的配色方法。

### 三、色彩的膨胀与收缩感

色彩的膨胀、收缩感与波长和明度有关。

波长长的暖色具有膨胀感，波长短的冷色具有收缩感，因为波长长的暖色影像似乎焦距不准确，因此在视网膜上形成的影像模糊不清，具有扩散性。波长短的冷色就比较清晰，具有收缩性。明度高的光亮物体看起来就觉得比实物大一些（有光圈围绕）。如图3-27所示，高明度的白色具有膨胀感和扩散性，和收缩性的黑色圆点进行对比，比较两个不同颜色的圆点大小以及色彩带来的强烈的膨胀与收缩感。

膨胀      收缩

图3-27 色彩的膨胀与收缩

## 四、色彩的前进与后退感

暖色前进与冷色后退的性质构成了绘画透视的又一条基本规律。

色彩的前进、后退感除了与波长有关，还与色彩的对比有关，对比度强的色彩具有前进感，对比度弱的色彩具有后退感；膨胀的色彩具有前进感，收缩的色彩具有后退感；明快的色彩具有前进感，暧昧的色彩具有后退感；高纯度的色彩具有前进感，低纯度的色彩具有后退感（图 3-28）。

图3-28　色彩的前进与后退

## 五、色彩的同化

当某一种色彩被另外一种色彩所包围，而使这个被包围的色彩看起来像包围它的色彩时，我们称这种现象为"色彩的同化"。色彩的同化与距离有关；与光的强度与明度对比有关；与色与色之间的面积大小及分布状况有关（图3-29）。

图3-29　色彩的同化

# 第三节 色彩的心理效应与情感联系

色彩的心理效应与情感联系是色彩心理学中的重要研究领域。色彩作为视觉元素之一，不仅具有生理上的影响，也对人们的情感和心理状态产生深远影响。色彩与情感之间的联系是由人们在日常生活中形成的文化和社会背景所决定的。因此，对色彩的心理效应和情感联系的研究，对于设计师制订合适的色彩方案和传达目标情感具有重要的指导意义。

## 一、色彩的心理感知

感知是指人类对外界事物进行感官刺激，并对其进行选择、组合、记忆、理解、思考等心理活动的过程。在色彩感知中，该过程可以分为物理性阶段、生理性阶段和心理性阶段三个阶段。其中，物理性阶段主要是指光的性质和量的问题，生理性阶段则是指由视觉细胞产生光和色的对应关系，并将其传输到大脑中的过程。最后的心理性阶段则是指人们接受光刺激时，其心理意识产生变化，从而形成对色彩的感知。在感知的过程中，神经反应所产生的结果就是人类对认知对象或客观性事物的感知。

虽然人类的肤色不同，但是具有共同的生理机制和七情六欲以及生存环境，使人类在对外界事物的感应心理方面也存在一定的共性。根据实验心理学研究，人们在色彩心理方面确实存在着共同的感应，主要表现在以下五方面。

### （一）色彩的冷与暖

照射不同颜色的光会对人体的肌肉功能和血液循环产生不同的反应。

实验表明，在红光下，人体在不知不觉中会释放出更多的肾上腺素，从而增加温度感，使得血液循环速率、血压和脉搏增加。反之，在蓝色环境中则会降低。人们看到红色和橙色时，会因为想到太阳和烟花而感到温暖（图3-30）；看到蓝色和紫色时，便会想到海和天空，因此会感到凉爽（图3-31）。

但是，颜色的温暖和凉爽不是一成不变的，在寒冷的环境中，橘子看起来更温暖。如果蓝色的纯度、亮度、大小、形状、纹理和环境颜色不同，则冷和暖也会发生变化。冷和暖应符合设计要求。温暖的场景和明亮的心情应使用暖色调激发人们的情绪高涨。

图3-30 色彩的暖

图3-31 色彩的冷

## （二）色彩的轻与重

色彩的轻重感主要取决于明度，高明度色具有轻感，低明度色具有重感，白色为最轻，黑色为最重（图3-32）。对比强的色有重感，对比弱的色有轻感。明度高的色彩使人联想到蓝天、白云等，产生轻柔、飘浮的感觉；明度低的色彩使人联想到钢铁、石头等物品，产生沉重、沉闷的感觉。色彩的轻重感也与纯度有关，凡纯度高的暖色具有重感，纯度低的冷色具有轻感。色彩的轻重感的基本规律为：

（重）黑＞低明度＞中明度＞高明度＞白（轻）；

（重）高纯度＞中纯度＞低纯度（轻）。

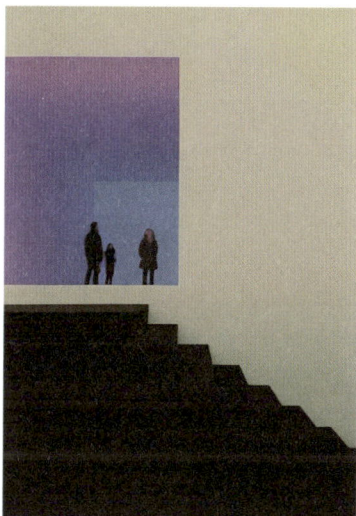

图3-32 色彩的轻重感

## （三）色彩的软与硬（强与弱）

色彩也有软、硬之分，当然，这个软与硬并不是指用手触摸的感觉，而是通过视觉带给人们的心理感受（图3-33）。色彩的软与硬受明度和色相影响。

高明度色：感觉软、轻柔、优美；低明度色：感觉硬、厚重、高级。

高明度暖色比冷色更易带来柔软感，低明度冷色比暖色易带来坚硬感。

图3-33 色彩的软与硬

🏷 扩展知识

在建筑设计中，色彩的运用可以改变空间的感觉和氛围。深色和鲜艳的色彩可以使空间感觉更小、更温暖，而浅色和柔和的色彩则可以使空间感觉更大、更明亮。

## （四）色彩的兴奋与沉静

色彩的兴奋与沉静感取决于刺激视觉的强弱。在色相方面，赤、橙、黄色具有兴奋感，青、蓝、蓝紫色具有沉静感，绿与紫为中性。偏暖的色系容易使人兴奋，即所谓的"热闹"；偏冷的色系容易使人沉静，即所谓的"冷静"。在明度方面，高明度色具有兴奋感，低明度色具有沉静感。在纯度方面，高纯度色具有兴奋感，低纯度色具有沉静感。色彩组合的对比强弱程度直接影响兴奋与沉静感，强者容易使人兴奋，弱者容易使人沉静。

很多快餐店，如麦当劳和肯德基，都会选红色和黄色作为其品牌颜色（图3-34），目的就是激发顾客的食欲，让他们感受到温暖、快乐。相反，冷色调如蓝色、绿色、紫色等，通常会让人感到平静、安宁，这就是彩色的沉静效果。比如，医院和SPA中心通常会选择蓝色和绿色作为主色调（图3-35），以创造一个安静、舒适环境，使人们感到放松和安心。

图3-34 肯德基、麦当劳商标

图3-35 医院商标

## （五）色彩的华丽与朴素

色彩既可以给人以华丽雍容的感觉，又能给人朴实无华的韵味。华丽的色彩通常指色彩鲜艳、亮丽、有视觉冲击力的色彩搭配。例如，在时尚设计中，设计师可能会选择鲜艳的金色和深邃的紫色来创造一种华丽、奢华的感觉。又或者在室内设计中，某些餐厅可能会选择亮红色和金色的搭配，以营造华丽、热闹的气氛。相对于华丽的色彩，朴素的色彩则更为低调、素雅。这类色彩搭配通常给人一种宁静、舒适、自然的感觉。例如，在家居设计中，设计师可能会选择温和的灰色、米色或者淡木色，营造一种宁静、朴素的环境。在时尚设计中，朴素的色彩如深蓝色、土色、灰色等常被用来表现一种低调、舒适的感觉。

## 二、色彩的情感联想

视觉器官在接受外部色光刺激的同时，还会自动地唤起大脑有关的色彩记忆痕迹，并将眼前的色彩与过去的视觉经验联系到一起，经过分析、比较、想象、归纳和判断等活动，形成新的身心体验或新的思想观念，这一创造性思维过程，即色彩联想。人们对不同的色彩表现出不同的好恶，这种心理反应常常是由人们的生活经验、利害关系以及由色彩引起的联想所造成的。由色彩产生的联想因人而异，受性别、年龄、阅历、兴趣和性格的影响。

### （一）味觉与色彩

在特定情况下，某种颜色或颜色组合会产生一种不确定的味觉效果，甚至能引起我们生理上的反应，这就是所谓的色彩的味觉。

🔆 设计提示

在日常生活中，由于经验的作用，人们总是把亮丽、鲜艳的颜色认同为香的、甜的、美味的东西。黄色、红色、桃色有甜味感，绿色是酸味，茶色、灰色、黑色是苦味，白色、青色、蓝色是咸味。

食品和饮料公司经常利用色彩和嗅觉的联系来改变或增强消费者对产品味道的感知。例如，通过给柠檬汽水加入黄色色素，可以使消费者感觉味道更"柠檬"。如图3-36所示的不同口味的棒棒糖中，便是根据不同的颜色来表达不同的口味，如绿色—青苹果味、红色—草莓味、橙色—橙子味，通过颜色来唤醒消费者的味觉。

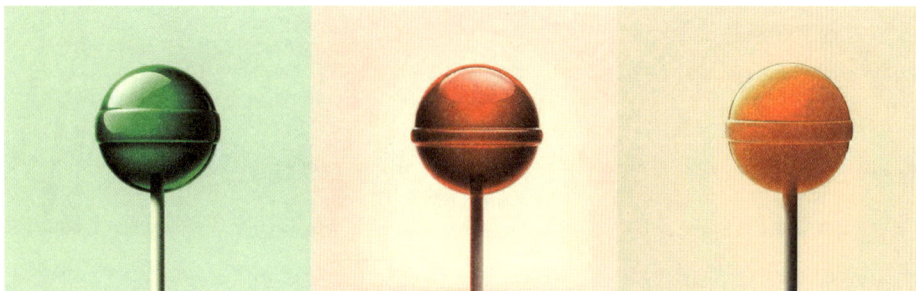

图3-36 不同口味的棒棒糖

### （二）嗅觉与色彩

色彩的嗅觉与色彩的味觉一样，都是一种比较主观的感受，在色彩具体联想的表现形式中，色彩嗅觉的连带现象极为普遍。在日常生活中，人们通常可闻到的香味有咖啡的浓香、水果的甜香、鲜花的清香等。根据实验心理学的报告，通常红、黄、橙等暖色容易使人感到有香味，橙色有香橙味；淡绿色有薄荷味；深褐色容易联想到烧焦了的食物，使人感到有蛋白质烤焦的臭味。例如，星巴克的品牌色彩主要是绿色和白色。绿色通常与新鲜、自然和平静相关联。当顾客看到星巴克的绿色标志时（图3-37），他们可能会联想到咖啡的新鲜味道和舒适的环境。而当他们走进星巴克，闻到咖啡的香气时，这种感觉会更加强烈。这是视觉（色彩）和嗅觉之间相互作用的一个例子。

图3-37 星巴克咖啡店

### （三）音乐与色彩

"音乐是听得见的色彩，色彩是看得见的音乐"，色彩和听觉有着非常密切的关系。在色彩表现中使用的"调子"一词就是从音乐中借用过来的。色彩与听觉反应的声响之间，似乎存在着一种先天的生理结构与后天的经验积累，造就了一种彼此渗透的交感现象。

瓦西里·康定斯基（Wassily Kandinsky）是第一个尝试将音乐融入画作的艺术家，他出生在莫斯科并在慕尼黑生活。由于小时候学过钢琴和大提琴，音乐对他来说是通往艺术世界的钥匙。康定斯基非常关注纯色的力量，他强调纯色对心理的影响，比如鲜红色如何像号角声一样激发人们的情感。他认为音乐和颜色都能唤起人们的情绪反应，他在他的抽象画作中使用色彩和形状来表示音乐的情感和动态，并创作了一系列将音乐融入画作的作品，如《哥萨克》（图3-38），使他成为德国表现主义的重要成员之一。

图3-38 《哥萨克》（Cossacks） 瓦西里·康定斯基

**⊕ 扩展知识**

音乐疗法和色彩疗法：在心理治疗和康复中，音乐和色彩都被当作工具来帮助人们改善情绪和焦虑，促进放松和治疗。有些疗法结合了两者，通过使用匹配的音乐和颜色来增强疗效。

音乐与色彩的科学研究：科学家们正在研究音乐和色彩之间的神经学和心理学联系。例如，一些研究发现，人们倾向于将更高音调的音乐与更亮的颜色相关联，而将更低音调的音乐与更暗的颜色相关联。

## 三、色彩的文化和社会意义

色彩使世界变得丰富多样，为人们的生活体验带来了更深刻的感知和领悟。中国传统色彩瑰丽多彩、意境优美、寓意深厚。色彩作为人的视觉感受，通过其可以联想到冷暖、强弱、刚柔等不同的性格、民族、文化等。这与中医五行学说中的五色观念一致。早在《黄帝内经》中就提出了五色理论，人们将不同颜色与脏腑功能相联系，认为五色分属五脏：红色属火，代表心；白色属金，代表肺；黄色属土，代表脾；青色属木，代表肝；黑色属水，代表肾。在治疗和保健康复方面，除了用五色判断疾病的病位和病势，还让病人观察各种颜色，以产生刺激，促进疾病和身心康复，发挥治疗作用。

各民族的色觉在某种程度上存在共性，但也有差异。从文化人类学的角度来看，我们不能断言各民族的色觉完全无共同之处，因为色彩的物理性质和人类视觉生理机能的特性是各民族色觉共同倾向的物质基础和基本原因。然而，在承认色觉人类普遍性的前提下，由于复杂的社会条件和情感因素对色觉的影响，我们必须承认色觉的个性差异和色彩文化的民族特点。

然而，当某种色彩与民族的具体生活环境、社会历史文化背景联系在一起时，它们的意义可能会发生变异，甚至激发截然相反的心理情感。由于各民族对某些色彩的喜好或厌恶不尽相同，表现形式也变得更为复杂多样。因此，色彩文化是民族文化中最显著、最醒目的部分，是民族审美心理的直观表现。

中国传统五色观将"青、赤、白、黑、黄"视为正色，分别代表东、南、西、北中五个方位，对应木、火、金、水、土五行。在"阴阳五行"学说中，五行的顺序为水、火、木、金、土，与黑、赤、青、白、黄相对应。《周礼·考工记》中记载："杂五色，东方谓之青，南方谓之赤，西方谓之白，北方谓之黑，天谓之玄，地谓之黄。"（图3-39）

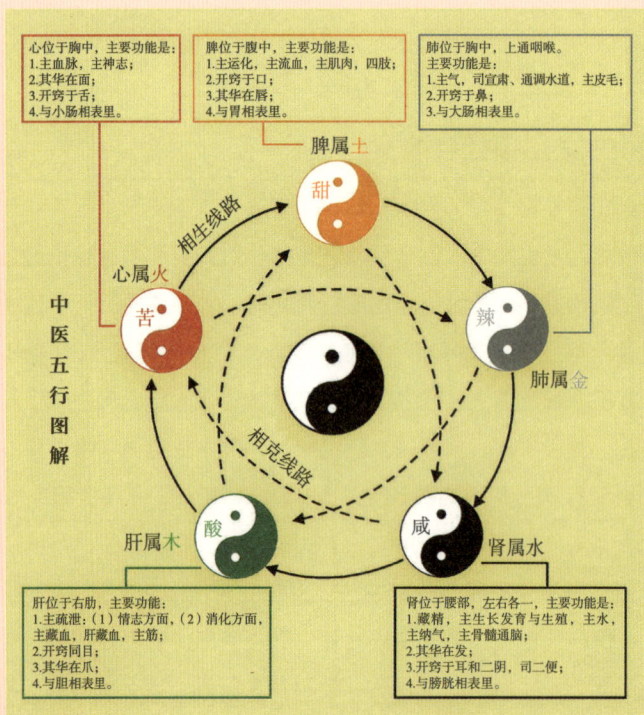

图3-39 阴阳五行

# 第四节　色彩的认知差异与个体偏好

色彩心理是形成人们色彩认知差异性结果的关键所在，人们对色彩的感受和理解是物象客观色彩与人的思维活动相互作用的辩证统一的复杂过程。

## 一、性别与色彩感知

性别色彩指的是性别与色彩相结合的概念。色彩是一种能够传达文化和情感的视觉语言。不同性别的人可能会有不同的色彩偏好，这些偏好可能会影响他们在消费过程中的选择。

然而，由于地域、年代、流行趋势和个体差异等因素，研究色彩心理学的专家尚未能够将这种性别色彩差异量化。迄今为止，尚无研究能够有效证实性别对色彩的喜好的影响。一般来说，男性对于喜欢的色彩大致相似，色调较为集中；而女性则因人而异，色调较为分散。普遍认为，女性相对于男性在对色彩的喜好上有以下特点：

（1）对色彩的判断更敏感；

（2）更喜欢高明度、高纯度、高亮度的色彩；

（3）更喜欢暖色系色彩；

（4）更喜欢多种色彩的组合；

（5）更容易随着流行趋势改变色彩喜好。

设计师在设计产品色彩时，将色彩的性别象征运用到产品色彩的性别风格塑造中，以达到性别意象与产品风格的一致。以"小红书"为例，这款App有针对女性的时尚搭配分享话题，她们分享穿搭、时尚心得，参与话题讨论和互动。设计师需结合女性色彩喜好设计界面和主题色。在应用图标、按钮和功能区域运用这些色彩组合，使界面优雅、柔美、女性化。设计师巧妙运用色彩心理学，为女性用户打造温馨、舒适、时尚的页面展示，从而吸引更多女性加入和参与。

## 二、性格与色彩感知

性格能够对人的处事态度、行为方式产生影响，也能够影响人对色彩的好恶。人的性格由先天因素和后天环境共同造就，尤其是先天的遗传因素，在很大程度上左右了人的性格特质。著名生理学家、心理学家、行为主义学派的先驱巴甫洛夫曾经提出：人天生的体质大体可以分为四种类型，即胆汁质、多血质、抑郁质和黏液质（表3-1）。

表3-1 四种气质类型与色彩的对比

| 性格与色彩感知 | 胆汁质 | 多血质 | 抑郁质 | 黏液质 |
|---|---|---|---|---|
| 性格 | 精力充沛，但缺乏耐心，容易冲动 | 精力充沛、直率、热情 | 言行迟缓，孤僻，深思熟虑，一丝不苟 | 沉默寡言、善于忍耐，性格安静沉稳、喜怒不形于色 |

续表

| 性格与<br>色彩感知 | 胆汁质 | 多血质 | 抑郁质 | 黏液质 |
|---|---|---|---|---|
| 对色彩的<br>喜好 | 爱好高明度的暖色和以暖色为主调的强对比效果 | 爱好高明度、高纯度的色彩和多种艳丽颜色之间明度、纯度的对比效果 | 喜爱低明度、低纯度的柔和、素雅的色彩和以偏冷色相为主调的弱对比效果 | 喜爱中明度、中纯度的色彩或以复色进行色彩配置组合 |

外向、情感丰富的人对色彩有明显的好恶，可对不同色彩做出明确反应。内向、冷静、理智的人对色彩好恶不明显，反应含蓄。经过科学验证，性格与色彩感知的关系非常密切，但受时代背景、认知差异或个体差异的影响，有时表现也有所不同。

## 三、情绪与色彩感知

从心理学角度来看，情绪和色彩之间存在着密切关系。人们在不同的情绪状态下，对色彩的反应和感知也会有所不同。对于绘画和设计领域而言，色彩的表现力和情绪的表现力都是至关重要的。大多数人会对艳丽的色调产生"愉快"的感觉，对于惨淡的色调则会产生"忧伤"的感觉。在绘画中，人们将色彩和情绪联系起来，分为快乐和悲伤两个类型。然而，在这两个类型之间，还有许多混合和过渡类型，因此色彩给人带来的情绪影响是丰富多彩的（表3-2）。

表3-2 情绪与色彩

| 颜色属性 | 分级 | 情绪的性质 | 颜色实例 | 情绪反应 | 对应七情 |
|---|---|---|---|---|---|
| 色相 | 暖色 | 温暖、积极 | 红、朱红、 | 激情澎湃、愤怒 | 喜、怒、惊、恐 |
| | | | 橘红、橙、黄橙 | 愉快、活跃 | 喜 |
| | | | 黄 | 温暖、愉悦、明快 | 喜 |
| | 中性色 | 平静、平凡 | 绿 | 平静、放松、安宁 | 思 |
| | | | 紫 | 神秘、不安、浪漫 | 忧 |
| | 冷色 | 冰冷、消极 | 青 | 安息、忧郁、冰冷 | 哀、思 |
| | | | 青、蓝 | 沉静、寂寞、悲伤 | |
| | | | 蓝紫 | 神秘、孤独 | |
| 明度 | 明 | 活力 | 白 | 纯粹、圣洁 | 哀、思 |
| | 中 | 沉静 | 灰 | 沉静、压抑 | 哀 |
| | 暗 | 阴冷、厚重 | 黑 | 安神、阴郁 | 怒、恐 |

续表

| 颜色属性 | 分级 | 情绪的性质 | 颜色实例 | 情绪反应 | 对应七情 |
|---|---|---|---|---|---|
| 纯度 | 高 | 新鲜 | 朱红 | 激烈、热情 | 喜 |
| | 中 | 放松、温和 | 灰棕色 | 可爱、温柔、低落 | 哀、思 |
| | 低 | 沉静、压抑 | 无色彩 | 压抑、低落 | 悲、忧 |

**⊛ 扩展知识**

在中医中，七情指的是喜、怒、忧、思、悲、惊、恐，它们与五脏的功能活动有着密切的关系，被称为"五志"。七情被视为正常的生命活动现象，但当情志刺激过度、强烈或长期时，会影响脏腑的功能活动，从而导致疾病的发生。例如，过度的愤怒会损伤肝脏，过度的喜悦会损伤心脏，过度的悲伤会损伤肺脏等。因此，调节情绪，保持情绪的和谐和畅达对人体的健康非常重要。

在色彩心理学中，色彩对情绪的影响是不可忽视的。合理运用色彩，能够为人们缓解情绪压力，帮助人们更好地调节情绪，从而提高生活质量。

## 四、年龄与色彩审美

人们对世界的认识，首先是从色开始的，而不是形。婴儿有了视觉能力后，首先看到的是颜色，而后才有形的感觉。随着年龄的增长，人们的色彩喜好逐渐向复色过渡，向黑色靠近。在平面设计中，设计师也经常会使用色彩来营造氛围，表现出符合某个年龄阶段的主题。比如，许多社交媒体平台使用鲜艳的颜色（图3-40），如红色和橙色，以吸引年轻人的注意力，因为这些颜色与年轻、活力和创新的形象相符合。

同时，银行和金融应用程序通常使用相对柔和、成熟的颜色（图3-41），如蓝色和绿色，以吸引中年和老年人的注意力，因为这些颜色被视为稳重和安全的象征。

此外，还可以通过改变饱和度、明度和纯度等参数来

图3-40 社交媒体应用

图3-41 金融银行商标

调整颜色的效果，以更好地适应不同年龄段的用户。例如，对于较年轻的用户，更饱和、明亮的颜色可能更具吸引力；而对于较年长的用户，更柔和、低饱和度的颜色可能更适合。在这种情况下，使用颜色来吸引并留住不同年龄段的用户是一个非常有效的方式。

## 五、地域与色彩偏好

不同的地域环境孕育了不同的自然风貌，生活在那里的人们会形成特定色彩的习惯和审美偏好。即使是同一民族或同一国家的人，由于生活环境的不同，他们对色彩产生的心理反应也有所不同。有时人们也会因为长期处于某种环境而对相应的环境色彩产生心理依赖，例如沙漠地区的人们，由于渴求绿洲和水源的心理，会对绿色产生特殊的珍爱和喜好。游牧民族生活在辽阔的草原上，冰雪的原野、卷舒的白云、雪白的羊群、洁白的乳汁、圣洁的毡包使得他们对白色情有独钟。同样的道理，一个农业民族喜爱绿色也不是无缘无故的，它必定由此联想到故乡的青山绿水、生机勃勃的秧苗、郁郁葱葱的森林。

总之，人们对色彩的认知和喜好受多种因素的影响，包括性别、性格、情绪、年龄、地域等。了解这些影响因素，可以帮助设计师更好地了解和满足受众的需求和喜好。同时，设计师也需要在遵循文化和地域习惯的基础上，注重色彩的整体协调和美感效果，以达到良好的视觉效果和传达设计目的的效果。

在设计中，正确地运用色彩可以引起人们的情感共鸣，传达设计的主题和理念，从而达到更好的设计效果。因此，设计师需要深入了解色彩的原理和配色设计技巧，结合实际需求进行创意和创新，以创造出更加优秀和出色的设计作品。同时，设计师也需要了解不同文化和地域的色彩偏好，遵循受众的喜好和需求，将设计和色彩的语言进行更加精准和有效的沟通。

● 核心概念

色相　纯度　明度　色彩感知

● 思考题

1.研究不同地域文化影响下，人们对于色彩的认知差异和偏好。

2.通过实际作品案例，分析色彩运用的基本属性和三要素。

● 实践作业

　　分组进行一项小型调研，调查本地区的人们对于色彩的偏好与使用情况，并根据调查结果设计一份适合本地区人群的色彩方案。可以选择不同的领域进行调查，如服装、家居、广告等，调查结果可以通过图表或报告的形式进行展示。

第四章

# 设计与情感

## | 教学目标 |

本章主要目标是理解情感与情绪在设计中的重要性，掌握情感化设计的原则和方法，理解情感化设计的心理过程以及娱乐与情感设计的关系，并能够运用情感化设计的原则和方法，培养创新思维，提高设计能力。

## | 教学重点 |

1.理解情感和情绪的概念及其在设计中的重要性。

2.掌握情感化设计的三个层面。

## | 推荐阅读 |

[1]尼尔·波兹曼. 娱乐至死[M]. 章艳，译. 桂林：广西师范大学出版社，2011.

[2] 陈根. 图解情感化设计及案例点评[M]. 北京：化学工业出版社, 2016.

[3]唐纳德·A. 诺曼. 情感化设计[M]. 付秋芳，程进三，译. 北京：电子工业出版社, 2005.

## | 教学实践 |

根据"实践作业"中的汇报内容，结合学生实践作品和演示，对学生依据情感化设计原则进行的设计进行评估和反馈，以帮助他们提高设计中情感的应用能力。

　　设计在本质上是一种交流活动，意味着设计师需要深入理解与其交流的人们。人类是充满情感的生物，因此有效地表达情感是人性化设计的重要元素。作为设计师，需要思考如何创造出富有人性关怀和情感交流的设计作品。在人们接收设计产品所传达的信息的同时，还能体验到情感的互动。情感化设计就是为用户带来充满温度和人情味的产品设计体验。

# 第一节　情感与情绪

　　情感是一种难以用言语表达和准确把握的抽象事物，其主要涉及在情感过程中的感受和体验。情绪则是情感的活动过程，是人对外在事物表现出的主观态度与体验。情感和情绪经常被用来相互诠释，例如，"情感是人对某个特定事物或现象形成的情绪态度"。

## 一、情感

　　情感（Feelings）是人在接触外部世界时产生的生理反应，是态度的一部分，具体表现为正面情感如喜爱、愉悦，以及负面情感如憎恨、厌恶。无论进行何种活动，人们都会产生情感。情感的主要作用是赋予事物和事件价值，同时，无论人处于何种情感状态，情感都会对人们的思考、行为方式、肢体语言和表情产生影响。情感系统也是人们在面临危险时首先作出反应的系统。

　　人类的情感复杂多样，早期最为著名的是心理学家罗伯特·普拉特契克（Robert Plutchik）的情感心理进化论，他将情感分为八大基本类别（图4-1），在此基础上又根据程度的不同分为三个小类，最终形成二十四种不同的情感状态。

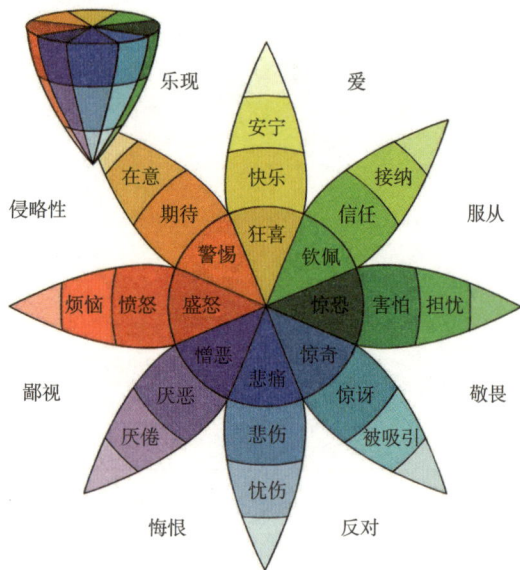

图4-1　心理学家罗伯特·普拉特契克的情感轮盘

## 二、情绪

情绪（Emotion）是情感的一部分，它与情感一样影响着人的生理和心理活动以及行为态度。然而，情感更侧重于主观感受，而情绪则更关注先天的、生理的、本能的反应。情绪有具体的对象和事物，并有可测量的方面。在心理学中，一般情况下，专家对情绪和情感的区别并没有做严格的区分。

情绪一般被分为正面和负面两种。人们在处于正面情绪时会感到乐观或快乐，神经传导会使思维拓宽，全身肌肉放松，大脑变得清晰。而当人处于负面情绪时，会感到悲观或抑郁，大脑会变得紧张，对某一件事情的关注度会提高，进而深入研究，并会更注意细节。情绪具有四个维度：强度（情绪的强弱程度）、愉快度（愉快和不愉快的程度）、紧张度（从紧张到轻松的程度）以及激动度（从激动到平静的程度）。情绪的每个维度都有不同的级别，这四个维度的不同组合形成了复杂多样的情绪状态。情绪状态有一些特殊的形式，主要包括心境、激情和应激等（表4-1）。

表4-1 情绪状态

| 分类 | | 情绪状态 | 说明 |
|---|---|---|---|
| 情绪 | 心境 | 持久而淡漠的情绪状态 | 可以形成人的心理状态的一般背景 |
| | 激情 | 强烈、短暂、爆发式的情绪状态 | 通常由突然发生的对人具有重大意义的事件引起 |
| | 应激 | 人的生命或精神处于威胁情境下，采取必要决定行动时和无力应对受威胁的处境时产生的情绪状态 | 长时期、持续的应激能引起精神创伤，危及身体健康 |

**⚲ 扩展知识**

现代科技允许我们通过测量生理反应来理解和转换情绪。比如，我们可以通过测量眨眼频率、头部倾斜度、心率变化、肌肉舒张程度以及呼吸频率等来了解一个人的情绪状态。一些实验表明，通过分析两人对话中的语调、节奏和强度变化，可以推测他们之间的关系。现在的可穿戴设备，如手环、智能手表等，也可以通过内置的生理传感器，如心率传感器、血压传感器等来监测和分析用户的情绪状态。

## 三、情感和情绪的关系

情感与情绪是两个密切关联的心理现象，其中情感可以理解为人们对事物的评价或者态度，无论是有意识的还是潜意识的。而情绪则是情感有意识的体验，往往与特定的原因和对象相关联，并具有情境性、短暂性以及激动性等特性。换言之，情绪是情感的外在表现，反映了人们内在情感的活动过程。虽然情感和情绪在某些场合可以通用，但在特定的场合和现象描述中，它们的含义和表达却存在一些不同。例如，人们通常将短暂而强烈的感情反应，如愤怒、恐惧、狂喜等，归类为情绪。而对于那些较为稳定、持久且具有深度体验的感情反应，如自尊心、责任感、热情、亲人之间的爱等，人们更倾向于用情感来描述。另外，情感与情绪的发展层次也有所不同。情感的层次一般被认为要高于情绪，因为情感更多地涉及人们的内在感受和体验，而情绪则更多地体现在人们的外在行为和反应上。表4-2是对情感与情绪的区别和联系的简要概述。

表4-2　情感与情绪的关系

| 比较维度 | 情感 | 情绪 |
| --- | --- | --- |
| 出现的时间 | 出现较晚，与个体的社会需要有关 | 出现较早，与有机体的生理需要有关 |
| 特性 | 稳定性、持久性、深刻性、主观体验强 | 情境性、短暂性、激动性、表现明显 |
| 表现 | 主要体现在人的内在感受和体验 | 主要体现在人的外在行为和反应 |
| 关系 | 情感是在情绪的基础上形成的，通过情绪的形式表现出来 | 情绪是情感的活动过程，反映了人们内在情感的状态 |

## 四、人工智能与情感设计

在人工智能设计中，对人的情感和情绪的把握是至关重要的一环。如今，可穿戴传感器已经被广泛应用在这一领域，它们可以安全地穿戴在人和动物的身上，感知并传递情绪信号。这些可穿戴传感器的核心是各种类型的传感器，包括运动传感器、生物传感器和环境传感器等。它们在人类"五感"的基础上增强了"第六感"功能，使人们能够更好地感知和理解周围的环境。另外，观察法、面部表情识别和文本信息分析也是了解和把握人的情感与情绪的重要手段。通过观察和分析，我们可以更深入地了解人的情感状态，进而改善和优化人工智能系统的设计。例如，"意念"赛车是一项将人的情感和情绪转化为实际操作的技术。通过读取和分析人的大脑信号，人们可以直接通过思维来控制赛车的移动，这是对人情感和情绪把握的一种直观应用（图4-2）。

图4-2　"意念"赛车

# 第二节 情感化设计过程

## 一、情感化设计概念

唐纳德·A.诺曼（Donald Arthur Norman）在《设计心理学》中提到，情感化设计是一种设计策略，其目标是吸引用户的注意力、诱发用户的情绪反应，以增强用户执行特定行为的可能性。简言之，这种设计通过刺激用户产生情绪波动，利用产品的功能、操作行为或特性，唤醒用户的情感并与之产生共鸣，从而让用户对产品形成独特的认知和定位。

在英文中，"情感化设计"一般被翻译为"Emotional Design"或"Affective Design"。尽管两者在大致上都代表同一概念，但从情感色彩的角度来看，还是有一些细微的差别。"Affective"一词更多的是指向积极的情感体验，而"Emotional"则包括了所有的情绪，无论是积极的（愉悦、开心、激动等）还是消极的（恐慌、痛苦、失落等）。情感化设计在不同的国家和地区有着不同的称谓。在日本和韩国，人们常用"感性工学"一词，而在美国则更多地使用"情感化设计"。在我国，工程学术界更倾向于使用"感性工学"，这个术语作为工学的一个分支，主要研究用户的感性意向与感知意向。而在文化艺术领域，人们更常称其为"情感化设计"，主要关注如何分析用户的情感因素并将其应用于设计实践中。

"以用户为中心的设计"概念最早由美国学者诺曼和德拉泊（S.W.Draper）在1986年的著作《以用户为中心的系统设计：人机交互的新视角》（User-Centered System Desin: New Perspectives on Human-Computer Interaction）中提出，可以看作情感化设计概念的原型。后续相关的概念如"体验经济""情感计算""体验营销"等，都间接地推动了情感化设计的进一步发展。直到诺曼的《设计心理学》中出现"情感化设计"，其在学术界才被正式确定。近年来，情感化设计在艺术设计领域的应用日益广泛，其理论和方法也在不断更新和发展。当前的研究热点主要集中在感性工学、情感计算、情感与体验设计、人机多通道交互和设计评估等方面。跨领域研究的趋势明显，如将计算机科学、工程学、心理学、自动化控制系统等多学科融合。情感化设计不仅拓宽了设计学的研究领域，也为其他学科的发展提供了新的思路。

## 二、情感化设计的心理过程

设计作为一种创造性活动，不是消除激情或情感，而是创造一个中立的环境，能够包容并激发用户的情感。约翰·奈斯比特（John Naisbitt）曾指出："技术越发达的社会，我们越需要创造高情感的环境，以设计的柔性来平衡技术的刚性。"

自然界由有机物与无机物构成，其中的物理反应和化学反应，如水蒸气的蒸发、食物的变质、刮风下雨等，虽然不具有生命意义，但它们的变化提供了生命存在的基础。生命体通过自身的"感应性"与外界进行物质交换，如植物从自然中获取水、阳光、养分等，以维持生命所需的能量。在动物和人类的发展过程中，随着神经系统的进化，他们逐渐具备了对外界刺激作出直接反应的能力，甚至能做出条件反射。人类在观察、思维、想象等方面的能力超越了其他动物，他们会通过劳动获取物质、有计划和目标的行动，并表现出更丰富的情感、更强的自我认知能力和心理过程。这种在受到刺激后能够做出一系列反应的能力，为情感化设计奠定了基础。

动物在遇到敌人时，首先会意识到危险，然后会感到害怕，之后会逃走，再去寻找其他的猎物，循环往复，从而构成优胜劣汰的生物系统（图4-3）。与动物相比，人在受到刺激时会产生一系列的反应，分别是认知回应、情感回应、行为回应和回应结果（图4-4）。情感化设计的目的是通过设计吸引用户的注意，诱发他们的情绪反应，进而提高他们执行特定行为的可能性。简单来说，设计目标是在产品操作和使用过程中，有效地激发用户的情绪，刺激他们的行为，使他们在情感上与设计者产生共鸣，以避免产生误解和错误的认知。

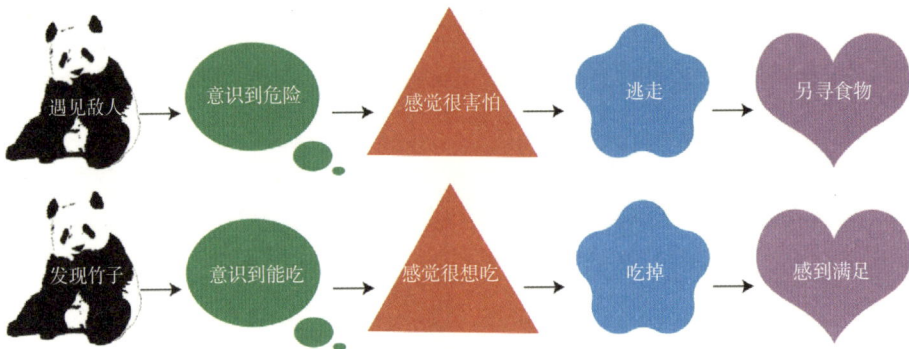

图4-3 动物的行为反应

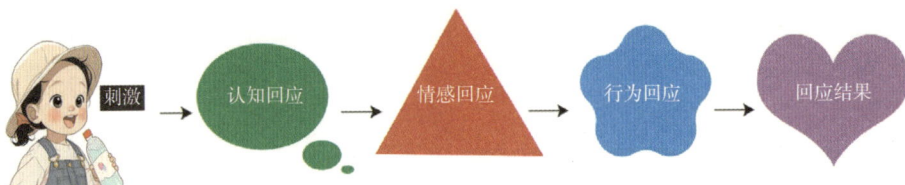

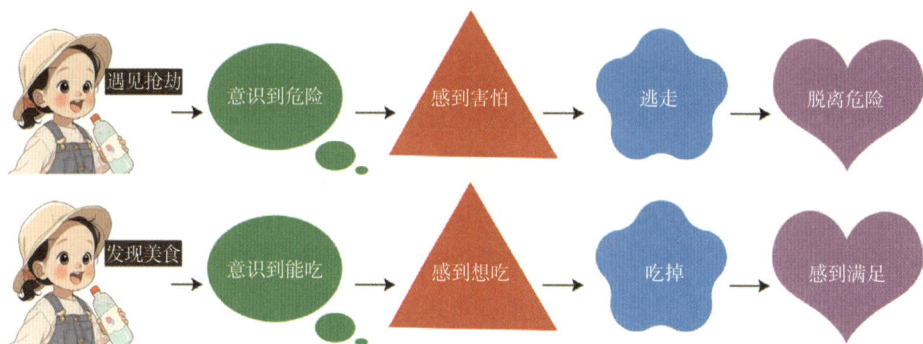

图4-4　人的行为反应

　　情感化设计的心理过程主要包括两种方式：一种是设计提供给用户丰富的情感体验，另一种是设计师将自己的情感融入设计中。这两种方式往往互为目的，即设计师通过表达自身的情感来引发用户的情感体验。

　　在体验经济时代，以用户为中心的设计不仅需要满足用户的基本功能需求，更需要注重用户的情感需求。例如，剧本杀行业就是通过推理性和悬疑性来满足玩家的推理爱好和表演欲，给玩家提供更沉浸式的体验。另外，沉浸式数字艺术展，如光之博物馆，通过艺术画作和光影投射的结合，让经典名画以全新的方式呈现在观众面前，给观众带来全新的视觉和情感体验（图4-5）。这些都是情感化设计在实际应用中的典型案例。

图4-5　光之博物馆

**☼ 设计提示**

　　沉浸式体验能够使人们全身心地投入一种情境中，从而更容易激发情感。这可以通过构建丰富的环境、创建引人入胜的故事或设计感官体验来实现。设计不仅要满足用户的基本功能需求，还要满足他们的情感需求。例如，一款游戏不仅应该提供足够的挑战和奖励，同时也要满足玩家的探索欲、社交欲和成就欲。

设计师经常在商业广告或海报等设计中添加情感元素，以打动消费者，促进购买力。另外，设计也被用作表达设计师的个人情感，以及为某些社会事件发声。许多公益广告设计大赛主题也与社会事件相关。这些非商业广告只是设计师对社会问题的关注和情感的表达。

情感化设计是一种考虑了用户的认知反应、情感反应、行为反应和反馈结果的设计方法。设计师不仅需要理解产品的功能性需求，更要关注用户的情感需求，以创建更具吸引力和参与性的产品或服务。把对人情感需求的充分关注融入设计之中，满足实用性以外的需要，设计出令人满意的产品。

# 第三节　情感化设计的三个层次

情感化设计包含三个层次，即本能层次、行为层次和反思层次。这是由心理学家安德鲁·奥托尼（Andrew Ortony）、威廉·雷维尔（William Revelle）和唐纳德·A.诺曼提出的概念。他们通过研究情感，发现大脑活动存在这三个层次，分别起着不同的作用。本能水平设计——即刻的情感效果，以及愉悦的视觉感受；行为水平设计——可用的产品易于交互、容易理解；反思水平设计——有用的产品可以满足人们的需求，并在长期时间内让人们获得情感上的满足。长期的关系可以满足生理上、心理上、情感上和精神上的需求（图4-6）。

图4-6　设计的三个层次

本能层次的反应最快，可以迅速判断好坏、安全和危险，并向肌肉（运动系统）发送警告。这是情感处理的起点，受生物因素影响。大部分的人类行为属于行为层次，可由反思层次调控，反之亦然。反思层次是意识、情感、认知、理解和推理的高级阶段，负责情绪和思维的变化（图4-7）。

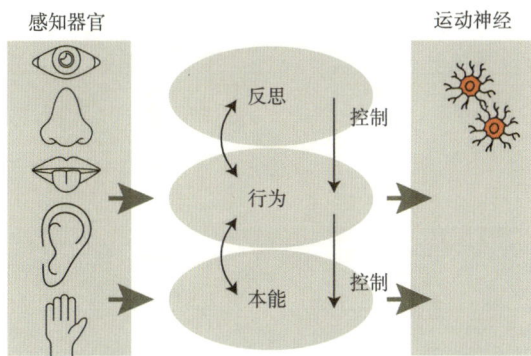

图4-7 三种运作层次［修改自2003年丹尼尔·罗素（Daniel Russell）为诺曼、奥托尼和奥托尼提供的一张图片］

图4-8 宝马Mini Cooper JCW

图4-9 星巴克猫爪杯

# 一、本能设计

本能层次的设计源自自然的美，这是一种"天作之美"，是大自然、宇宙赋予万事万物本源的情感信号。每一种植物、动物的美或丑都是自然赋予的，其背后都遵循着自然的规律以维持生态平衡。当人们感觉到这些事物的美或丑时，这就属于来自本能的反应。

本能层次的设计遵循一定的设计原则，只要按照这些规则进行设计，即使不能做到完美，人们在看到设计结果时也会本能地被吸引。这种规则可以是复杂的，也可以是简单。诺曼曾经说过，"美观的物品会更好用"。当人们看到美好的事物时，他们的心情会变得开朗，容易激发人们的正面情感，使人们更愿意去使用和接触这个设计。例如，《纽约时报》曾经评价宝马的迷你库珀（Mini Cooper）（图4-8），"这辆车的性能如何并不重要，重要的是这辆车能让人有个好心情"。这种观点反映了美学在设计中的重要性。在功能相同的情况下，美观的设计更能吸引消费者，即使其价格更贵。又如，2019年星巴克推出的现象级网红产品猫爪杯（图4-9），这款杯子受欢迎的关键在于其可爱的外形和舒适的触感，这些都是基于本能的美感。

因为本能层次的设计与生理反应有关，所以现代借助工具对这类反应的研究也很简单。通过眼动、脑电的测量，就可以轻松测出生理反应变化，从而告诉设计师什么设计是好的，什么设计是更好的。在视觉传达设计研究中，眼动实验（图4-10）运用十分广泛，通过记录眼睛运动和注视的方向，可以分析出人们的关注点，让实验结果指导设计更具准确性和科学性。

图4-10　眼动实验

尽管本能层次反应是最基础也是设计最容易触及的层次，但每个人的本能反应并非完全一致，个体之间的差异可能会很大。例如，人们对甜和咸的口味接受程度、对各种电影类型（如恐怖片、冒险片等）的喜好都有所不同。个人的生活经验、兴趣爱好、个性特质等都会影响对同一设计的反应。如果一个设计与某人的生活经验相符，那么他对该产品的反应可能会更强烈，反之则可能对其反应较弱或者毫不在意。在广告设计中，理解并应对本能层次反应的多样性尤其重要。一个广告是否能够激发人们的购物欲，很大程度上取决于它是否能引起目标消费者的本能反应。例如，可口可乐公司在不同的国家和地区采用不同的广告策略，这些策略根据当地文化的差异，制定出各具特色的广告内容和场景，以触动不同目标消费者的本能反应，进而达到其商业目标。设计师需要了解并挖掘这种差异，以打造出更有针对性的设计方案。

## 二、行为设计

行为设计在产品设计中注重功能和效用，追求产品的可用性、使用效率和易懂性。设计师通过研究和试验来优化产品的功能和用户体验。从包豪斯学派开始，现代设计开始追寻时代特征，抛开形式主义，迎向标准化的机器生产，并将功能性放在首位。众多设计大师，如路德维希·密斯·凡·德罗（Ludwig Mies Van der Rohe）和路易斯·沙利文（Louis Sullivan）提出了"少即是多"和"形式追随功能"等设计理念，由此引领了20世纪几十年的简约但富有功能性的设计风格。因此，功能对于产品设计十分重要。一个产品摆在人们面前，人们的第一反应通常是考虑它能做什么、该怎么使用它。如果一个产品失去了其使用功能，无论其外观如何，都难以吸引用户。

在早期的微软（Microsoft）Windows版本中，用户想要关机时，需要经过几个步骤：点击"开始"按钮，然后选择"关机"，接着确认是否真的要关机。然而，这种设计让很多用户感到困扰，因为在大多数情况下，当用户选择"关机"时，他们是真的想要关闭电脑。为了改进用户体验，后来的Windows版本简化了这个过程，只需要点击一次"关机"按钮，电脑就会关闭（图4-11）。这个例子说明了在行为层次的设计中，设计师需要注意如何通过理解和预测用户行为来优化产品的功能和易用性。为了提高产品的用户满意度，需要设计师、产品经理及工程师对用户进行全面的研究，并为用户构建人物模型和设定目标。

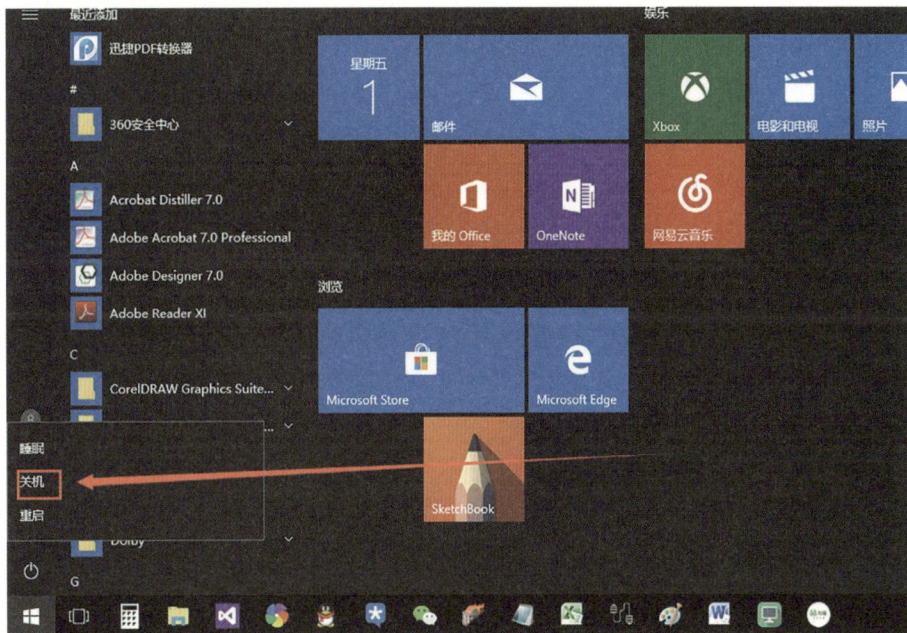

图4-11　Windows关机选项的改进

在行为设计中，设计师需通过全面的用户研究和构建人物模型来确定产品的功能和行为。"人物模型"（Persona）是艾伦·库珀（Alan Cooper）在其两本畅销书《About Face 4：交互设计的精髓》（*About Face 4: The Essentials of Interaction Design*）和《软件创新之路：冲破高技术营造的牢笼》（*The Inmates Are Running the Asylum*）中提出的概念，主要通过访谈、市场调研、文献综述和数据收集的方法，研究用户的行为、思考方式、预期目标等，并据此建立模型，最终服务于设计。它确保设计的每一步都是以用户为中心，注重用户的行为认知和情感需求。此外，设计师还需明确产品的目标用户，因为没有一个产品能满足每个人的需求。通过了解目标用户群体，设计师可以针对不同需求设计不同的产品，满足各种个体差异。以汽车为例，市场上的汽车款式多样，有些甚至针对特定的市场定位：有些汽车设计用于安静稳重的老年人；有些专门为年轻和喜欢冒险的人设计；有的汽车设计用于户外越野和穿越河流、森林的旅行，能够应对陡峭的斜坡及泥泞、沙漠和雪地等各种地形；还有一些汽车设计是为了迎合那些梦想冒险和越野，但又从未真正实现的人。

行为设计关注产品的功能和效用，设计师通过研究用户行为、构建人物模型和明确目标用户来优化产品的功能和用户体验。这种设计方法注重用户需求和行为，以提供更好的产品体验。

## 三、反思设计

反思设计的关注焦点是设计中的文化、价值以及对人们产生的情感响应和回忆等深层次因素。对于不同性别、文化背景和认知水平的人群，他们对反思设计的理解和感受各不相同。以华为为例，华为的产品设计体现了反思设计的特点，其注重产品的文化内涵、用户情感和品牌价值，以提供更深层次的用户体验。其产品设计以简约、现代和高端为特点，追求功能性和美学的结合。外观设计注重细节和工艺，采用流线型的设计语言和精致的材质，打造时尚而高品质的外观。这种设计不仅满足了用户的功能需求，还通过引人注目的外观激发了用户的情感共鸣和自豪感。在用户界面和操作体验方面，华为致力于提供直观、简洁且易用的界面设计，其注重用户的操作习惯和使用习惯，通过研究和了解用户的反馈和行为，优化产品的功能和交互设计。华为的操作界面简洁明了，功能布局合理，用户能够轻松地使用和掌握产品。此外，在品牌建设和营销活动中华为也注重情感连接和文化传承，通过广告、品牌形象塑造和产品推广，传递出其作为中国品牌的文化内涵和价值观。华为强调科技创新与人文关怀的结合，以及产品与用户之间的情感纽带，以进一步增强用户对品牌的认同感和忠诚度。

华为注重产品的文化价值、用户情感和品牌形象，以提供独特而深入的用户体验。通过理解用户的需求、情感和文化背景，华为设计出符合用户期望的产品，建立起与用户的情感连接，从而塑造了其独特的品牌形象和市场地位（图4-12）。

图4-12 华为 Pocket S 手机（图片来源：华为官网）

根据情感化三层次理论可以发现，用户在使用产品时，产生的心理变化同样符合这样的规律：唤醒、关联和认同（表4-3）。

表4-3 情感化三层次及触发用户情感的方式

| 诺曼情感化三层次 | 本能 | 行为 | 反思 |
|---|---|---|---|
| | 唤起 | 关联 | 认同 |
| 用户心理变化规律 | 通过感官方式刺激用户的神经反应，唤起情感并投射到产品中 | 通过互动方式建立用户与产品之间的情感关联 | 通过共情的形式赢得用户对产品的认同，巩固并强化与情感关系 |
| 触发用户情感的方式 | 感官 | 互动 | 共情 |

情感化设计就是通过一定的设计手段，观察用户的反馈，激发用户联想并产生共鸣，使其获得情绪上的愉悦感和情感上的满足感，给用户提供有温度、有人情味的产品设计体验。

这三个层次相互作用，互相调节。行为由本能层发起称为"自下而上"，由反思层发起称为"自上而下"。大脑最底层传递神经信号，而最高层执行高级思维。三个层次不独立存在，往往相互对抗（图4-13）。例如，过去购买的锅在使用后留下了不良回忆，可能导致下次不愿再购买。这里反思占据主导，因为

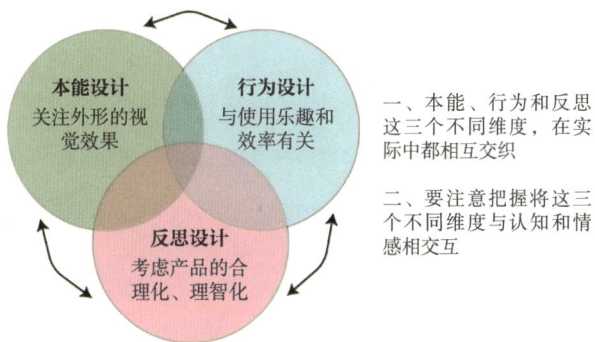

本能设计 关注外形的视觉效果
行为设计 与使用乐趣和效率有关
反思设计 考虑产品的合理化、理智化

一、本能、行为和反思这三个不同维度，在实际中都相互交织

二、要注意把握将这三个不同维度与认知和情感相交互

图4-13 三种水平的设计

认知和时间的变化，反思会持续很长时间。有些产品在本能水平具有吸引力，有些产品在行为水平具有吸引力，有的产品则在反思水平上具有吸引力，如何达到三者的平衡以满足每一个用户需求，是设计师应该研究的问题。通常，同时满足三个层次的产品是最佳的。设计师为了实现这个目标，需要全面理解用户及其习惯。

> **扩展知识**
>
> 情感体系的三层次在健康和医疗领域中也具有重要意义。医疗专业人员的情感表达和关怀可以提高患者的治疗效果和满意度。情感化的医疗设施和环境设计可以创造出温馨和安抚的氛围，有助于患者的康复和心理健康。

# 第四节　娱乐主题的设计

## 一、娱乐主题设计的概念

娱乐设计以娱乐为目的，主要指设计中有趣、愉悦，能使人产生快乐的内容。娱乐设计具有互动性、情感性和多感官体验等特点。互动性是娱乐设计的基础，只有人们积极参与，才能真正放松身心，感受到快乐。例如，爱彼迎的自主导航机器人"BANDI"（图4-14），就是为了满足在看房过程中花费大量时间找不到目标位置的人们而设计的产品。当机器人替代传统的路线导视时，人们会被好奇心驱使着参与其中，即使找不到目的地，也能感到愉悦。

近年来，设计越来越强调多感官体验。多感官体验也是娱乐设计的重要特征，指的是人们在体验设计的过程中，视觉、味觉、嗅觉、触觉和听觉产生不同感受。随着越来越多的沉浸式展馆出现，改变了以往枯燥乏味的参观体验。

2019年，teamLab无界美术馆落

图4-14　爱彼迎"BANDI"自主导航机器人

地上海黄浦，展馆中的瀑布场景令人震撼，随着人的走动、触摸，脚下的流水和花朵不断层叠起伏，给人无限梦幻的感觉（图4-15）。

## 二、娱乐主题设计的类型

帕特里克·乔丹（Patrick Jordan）的《设计令人愉快的产品》一书中，介绍了愉悦感的四大类

图4-15　teamLab无界美术馆

型：生理愉悦、社交愉悦、心理愉悦和思想愉悦，其对于愉悦感的划分是基于莱昂内尔·泰格（Lionel Tiger）的研究。

（1）生理愉悦（Physio-pleasure）。生理愉悦是最基础、最重要的愉悦形式。它涉及感官上的愉悦，包括视觉、听觉、嗅觉、味觉和触觉。生理愉悦能与本能和行为层面的多个方面相结合。

（2）社交愉悦（Socio-pleasure）。社交愉悦是与他人互动时产生的愉悦感。帕特里克·乔丹认为，许多产品无论是有意设计还是偶然产生，对社会都有巨大影响，都推动了社会的发展。社交媒体平台如微信、QQ、Facebook、Twitter等在社交中扮演重要角色，为人们的交流提供了媒介。通过使用这些社交媒介，人们可以分享有趣的经历，获得最大化快乐。社交愉悦与行为层面和反思层面的设计密切相关。

（3）心理愉悦（Psycho-pleasure）。心理愉悦指的是人们在使用或体验产品时产生的心理上的愉悦感，与行为层面有关。这一愉悦的类型与我们的情感、情绪和心理满足感紧密相连。当一个产品或服务使人们感到自信、有成就感或给予他们某种情感上的回馈时，这种愉悦感便会产生。例如，当完成一款游戏的所有关卡或通过某个应用程序学习并掌握了一门新技能时，这种成就感便会产生。

（4）思想愉悦（Ideo-pleasure）。思想愉悦离不开思考，是对过去经验的反思所产生的愉悦。人们对产品的美学、质量以及产品对生活质量的提高和环境的改善程度进行思考。真正有价值的产品在于如何表达其内在的含义，产品在展示时，这种含义会传递给他人并被理解，从而使产品的主人获得思想上的乐趣。思想愉悦与反思层面相关。

## 三、关于娱乐主题的设计

### （一）令人愉悦的物品设计

令人愉悦的物品设计包括情感化物品设计和情感化机器人设计，是指创造具有情感交互和人性化特征的产品或机器人，提供愉悦的用户体验。

在生活中，许多产品并没有很强的功能性，它们的设计目的仅仅是娱乐。例如，解压玩具（图4-16）是专为压力大的人群而设计。这些玩具具有各种形状和造型，人们可以用手等对玩具进行捏、捶、揉等操作，以释放压力并获得愉悦。市场上有各种类型、各种材质的解压玩具，能给人带来不同体验。此外，还有一类恶作剧玩具，如仿真怪兽、喷血药丸、海绵放屁垫、触电口香糖等，设计的目的也是娱乐。

图4-16　解压玩具

情感化机器人是一种能够理解和模拟人类情感的机器人。这种机器人的目标是通过理解和模拟人类情感，使人与机器之间的交互更加自然、顺畅、有温度。电影《她》让人们对拥有情感的机器人伴侣产生了幻想，同时也引发了对人工智能的恐慌：机器人甚至会像人类一样拥有情感，能够进行社交、学习和合作，并承担人类的各种工作，如救灾、陪伴和清洁等。随着时间的推移，机器人的性能会逐步提升，他们也将能够感受到喜怒哀乐，并表达自己的情感。

技术进展使这一概念逐渐成为现实。2016年，围棋史上第一次"人机大战"受到了全世界的关注。这场比赛与其他比赛不同的是，其中一方为韩国围棋九段棋王李世石，对战的是具有"人工神经网络"的机器人"阿尔法狗"（AlphaGo），它具有深度学习的能力——人工神经网络能够为机器人提供与生物神经大脑相同的工作原理。经过5天的激烈厮杀，"阿尔法狗"最终战胜了李世石，随后也战胜了世界围棋冠军柯洁，可见它有着超强的自主学习能力。其实这并不是机器人的胜利，说到底还是人类的胜利。

情感宠物机器人的概念最早可以追溯到20世纪90年代。

1999年，索尼推出了第一代AIBO，这是一款机器人宠物狗，被誉为首个商业化

图4-17　情感宠物机器猫

的情感陪伴机器人。自此以后，情感陪伴机器人日益发展进步。如图4-17情感宠物机器猫模仿真实猫咪的行为和情感反应，为用户带来陪伴与娱乐。特别适合那些因生活环境或其他原因无法饲养真实宠物的人群。通过高级感应器和摄像头，它们能够感知周围环境，对主人的动作做出反应，利用人工智能算法进行学习和适应，建立与主人之间的情感纽带。机器人还能对声音和触摸产生多样化反应，表现出喜悦、好奇或疲倦等情绪状态，为用户提供了与真实宠物相近的交互体验。对于寻求放松、缓解压力、渴望情感陪伴和增加乐趣的人来说，情感宠物机器猫是一个理想的选择。

2022年，美国开放人工智能研究中心（OpenAI）推出的ChatGPT也在模拟人类情感方面做出了贡献。例如，当用户表现出快乐或悲伤，ChatGPT能生成积极或安慰的回复。除此之外，它还能创作故事、诗歌和歌曲等内容，进一步增强用户的情感交互体验。但值得注意的是，ChatGPT并不真正"感受"情绪，而只是基于规则和算法模拟情感反应，所以我们应当认识到其技术局限性。在一个实例中，程序员汤姆（Tom）与ChatGPT交流，询问其是否可以写诗。在得到汤姆关于"夜晚"的主题后，ChatGPT即刻生成了一首美丽的夜景诗歌。这显示了ChatGPT在模拟人类语言和创意上的潜力，尽管其并不真正理解诗歌的内涵。

总体而言，情感化机器人正在逐步进入我们的日常生活，并在多个领域展现其潜力和用途。而这也引发了关于技术局限性和伦理问题的讨论。

### （二）娱乐体验设计

娱乐体验设计是一种专注于创造引人入胜的环境和活动、为用户提供全方位娱乐体验的设计领域。它涵盖了沉浸式娱乐体验设计和主题乐园设计两个重要方面。

### 1.沉浸式娱乐体验设计

沉浸式体验是一种让用户感觉彻底沉浸于虚拟环境或情境中的设计概念。通过先进的技术手段，如虚拟现实（VR）、增强现实（AR）和混合现实（MR），沉浸式娱乐体验设计可以带领用户进入逼真的虚拟世界，与虚拟角色或环境互动，创造出超越现实的娱乐体验。这种设计常应用于电子游戏、虚拟旅游、模拟体验等领域，为用户提供身临其境的感觉。例如，全球"幻光森林"沉浸式夜游、全球"梵高主题"沉浸式体验、美国迪士尼乐园阿凡达潘多拉空间、英国伦敦MSG Sphere、韩国未来超级影院等。如今的沉浸式项目并不只停留在感官体验之中，大多数都会赋予故事内容，通过打造不同的场景，引导游客进入一个"虚拟故事"之中，每个场景中穿插的交互体验让游客真正"身临其境"。未来，这亦将成为成功的沉浸式业态必不可少的强劲内核。

### 2.主题乐园设计

主题乐园是指以特定的主题为基础，通过景观、建筑、设施、表演和互动活动等多种元素，打造出一个充满娱乐性和创意的环境。主题乐园设计旨在为游客提供独特而全面的娱乐体验。这些乐园通常包含各种游乐设施、演艺表演、游戏互动、美食和主题衍生品等，使游客能够在其中尽情享受游戏、刺激、惊喜和乐趣。著名的主题乐园如迪士尼乐园（图4-18）、环球影城（图4-19）和欢乐谷等，都是娱乐体验设计的杰作，为游客提供了与众不同的娱乐体验。例如，上海迪士尼乐园的七个小矮人矿山车、雷鸣山漂流、加勒比海盗、爱丽丝梦游仙境迷宫等，都是经典的娱乐项目，为人们带来前所未有的多感官体验，吸引了大量的游客前去体验和消费。

图4-18　上海迪士尼乐园奇幻童话城堡

图4-19　北京环球影城

通过沉浸式娱乐体验设计和主题乐园设计，设计者能够创造出具有情感共鸣、互动性和创新性的娱乐场所和活动，使用户能够沉浸其中，忘却现实，获得愉悦和满足感。这些设计不仅注重视觉效果和刺激感，还强调情感共鸣、故事性和用户参与度，从而创造出独特而难忘的娱乐体验。

（三）游戏设计

游戏设计作为娱乐主题设计的一部分，目标是创造出吸引人的、引人入胜的游戏体验，使玩家愿意投入时间和精力。游戏设计涉及艺术创作与技术应用，因此具有多样化的分类方式，如按游戏类型、平台、玩家数量等进行分类。以下是以游戏平台进行的分类：电脑游戏设计，由个人电脑程序控制的游戏；主机游戏设计，针对如PlayStation（PS）、Xbox、任天堂（Nintendo）Switch等主机平台设计的游戏；手机游戏设计，专为iOS或安卓（Android）等移动平台设计的游戏；VR/AR游戏设计，利用虚拟现实或增强现实技术创建的游戏；在线游戏设计，需要网络连接才能进行的游戏，可能涵盖上述所有平台。

**1.游戏设计的基本要素**

游戏设计涉及一系列复杂且相互关联的元素，它们共同塑造了游戏的总体体验。以下是游戏设计的基本要素。

（1）故事情节：游戏的主线，为玩家提供深入游戏世界的动力。一部引人入胜的故事情节能增强玩家的沉浸感，激发情感共鸣。

（2）角色：游戏中的主体，可能是玩家直接控制的角色或者非玩家角色（NPC）。角色设计包括外观、性格设定、技能和能力，塑造角色的个性和功能。

（3）游戏机制：游戏的核心规则和系统，定义了玩家在游戏中可以做什么以及如何操作。游戏机制涵盖了控制方式、挑战和奖励系统、冲突和解决方式等。

（4）视觉效果：游戏的视觉呈现，包含艺术风格、角色和场景设计、光影和色彩的应用等。优秀的视觉效果能提升游戏的吸引力，增强沉浸感。

（5）声音设计：游戏的音频要素，包括背景音乐、角色配音和音效等。合适的声音设计能增加游戏的情感深度，增强沉浸感。

（6）玩家交互：玩家与游戏的互动方式，涉及控制方式、界面设计、反馈机制等。良好的玩家交互设计可以使玩家更好地理解和掌控游戏，提升游戏的可玩性和乐趣。

（7）用户体验：游戏给玩家带来的整体感受，关乎游戏的易用性、趣味性、满足感等。优秀的用户体验设计可以让玩家在游戏中获得愉悦的体验，增强玩家对游戏的喜爱和忠诚度。

以上各个元素都是构建一款成功游戏的关键，游戏设计师需对这些要素有深入的理解和进行精细设计，才能创造出有趣、引人入胜的游戏。

**2.电脑游戏设计案例**

电脑游戏作为游戏产业中最早的分支，类型和风格丰富多彩。以下是一些典型的电脑游戏设计案例。

（1）《使命召唤》（call of duty，COD）：是一个由Infinity Ward开发并由动视（Activision）发布的著名第一人称射击游戏系列。起初以第二次世界大战为背景，后续涵盖了现代、冷战和未来战争等多种场景。其因为引人入胜的故事情节和多人竞技模式而广受欢迎。

（2）《荒野大镖客》：这是一个由摇滚之星游戏（Rockstar Games）开发和发行的开放世界动作冒险游戏。玩家在大型开放的虚拟世界中自由探索，接取各种任务，包括主线任务和支线任务。同时，游戏也提供了与环境互动、战斗、狩猎和马术等活动。游戏的背景设在美国西部荒野，讲述了在法律和秩序尚未建立的时代，一个人如何在荒野中求生和寻找自我归宿的故事。

（3）《辐射4》：由贝塞斯达游戏工作室（Bethesda Game Studios）开发并由贝塞斯达软件（Bethesda Softworks）发行的开放世界角色扮演游戏。玩家在核战后的废土世界中求生，可以通过探索、战斗、交涉和技巧等方式应对各种挑战，揭开主线和支线任务的故事。游戏提供了角色的深度定制、开放的世界探索、丰富的任务和故事线，以及全面的工艺系统。玩家可以制作和修改武器、装备、化学品和住所，这使《辐射4》具有很高的游戏深度和复杂性。

（4）《原神》是一款由中国公司米哈游（miHoYo）开发和发布的开放世界动作角色扮演游戏（ARPG）。游戏于2020年9月28日正式上线，并提供多平台支持，包括电脑（PC）、PS4、PS5和移动设备，也支持跨平台多人合作。在《原神》中，玩家将探索一个名为提瓦特（Teyvat）的幻想世界。这个世界由7个不同的区域组成，每个区域都有其独特的文化和元素。玩家可以自由探索这个开放的世界，与各种各样的角色互动，完成任务，解锁新区域，并与其他玩家合作。游戏以其高度详细的图像、丰富的故事和自由度极高的游戏世界受到高度评价。同时，游戏采用免费模式，并通过内购和"抽卡"机制获得收入。总体而言，其因高质量的内容和充满活力的社群而成为一个非常受欢迎的游戏。

《荒野大镖客》《辐射4》《原神》在发行时不仅支持电脑平台，还支持游戏主机平台，因此，它们既属于电脑游戏，也属于主机游戏。

### 3.主机游戏设计案例

主机平台，如PS5、Xbox Series X/S和任天堂 Switch等，凭借其强大的图形和处理能力，能为玩家提供更沉浸的游戏体验。以下是一些主机游戏设计的案例。

（1）《最后生还者》：这款由顽皮狗（Naughty Dog）开发并由索尼电脑娱乐发行的动作冒险游戏，以末日后的世界为背景，让玩家深度参与乔尔和艾莉的生存故事。

玩家在游戏的战斗系统和生存元素中，与游戏角色共同经历生存挑战。

（2）《集合啦！动物森友会》：这是任天堂Switch平台上备受瞩目和欢迎的一款模拟生活游戏。玩家在游戏中扮演一个在无人岛上开始新生活的角色，可以探索岛屿，收集资源，制作工具和家具，设计并美化自己的家园，与岛上的动物居民互动，并参与各种活动和任务。游戏注重真实时间的模拟，与现实生活中的时间和季节保持同步，使玩家能在游戏中体验四季变换，参加节日庆典，进行捕鱼、捕虫、种植等各种活动。与动物居民的交流也是游戏的一大亮点，玩家可以与他们聊天、互赠礼物、帮助他们完成任务，建立深厚的友谊。

（3）《超级马里奥》：这是由任天堂开发和发行的一款具有广泛知名度的平台跳跃游戏，也是整个电子游戏历史上最重要和最成功的系列之一。在游戏中，玩家需要操纵马里奥通过各种复杂的关卡，消灭或避开敌人，最终救出被恶龙Browser绑架的公主。这款游戏早期主要在任天堂的各种游戏机上发布，后来被引入移动平台。《超级马里奥》不仅是平台跳跃游戏的代表作，也在很大程度上影响了家用游戏机的发展。至今，《超级马里奥》系列的各款游戏仍然深受全球玩家的喜爱，并在设计、创新和玩家体验等方面持续树立行业标杆。

以上三款游戏，无论是末日生存、模拟生活，还是平台跳跃，都能让玩家在游戏中体验到丰富多样的游戏元素和沉浸式的游戏体验。同时，它们的游戏设计也在情感和故事上有着出色的表现，通过强烈的情感氛围、丰富的故事背景和优秀的角色设定，给玩家留下了深刻的印象。

**4.手机游戏设计案例**

手机是最近几年发展极快的游戏平台，手机游戏一般以提供轻松的游戏体验和短时间的游戏会话为主。以下是两款手机游戏设计的案例。

（1）《王者荣耀》：《王者荣耀》是腾讯天美工作室推出的英雄竞技手游，被誉为国民多人在线战术竞技游戏（MOBA）手游大作。它是腾讯的首款5V5团队公平竞技手游，模仿了类似《英雄联盟》的MOBA游戏风格，并进行了移动设备优化。在游戏中，玩家参与5V5的对战，旨在摧毁对方基地。除了传统模式，还提供了如契约之战、五军对决等多种玩法。《王者荣耀》因其社交特点、丰富的角色和易学难精的玩法受到玩家喜爱，拥有大量的活跃用户。此外，它还在多平台如Android、iOS等上线，在电竞领域有着广泛的影响力。

（2）《我的世界》：这款游戏由瑞典游戏设计师马库斯·泊松（Markus Persson，也被称为"Notch"）创建，并由魔赞（Mojang）开发和发行的沙盒游戏。《我的世界》自2009年发布，吸引了全球数亿玩家。在游戏中，玩家能在一个由立方体构成的

3D世界中自由探索、收集资源、制造工具、建造建筑和与敌人战斗。游戏给玩家提供了极大的自由，没有特定的目标，玩家可以按照自己的方式游戏。游戏有多种模式，如生存模式、创造模式、冒险模式和观察者模式。虽然《我的世界》最初是作为PC游戏发布的，但随着其日益受欢迎，后来被移植到了其他各种平台，包括Xbox 360、PS3、PS4、Xbox One、任天堂Switch、iOS和Android等。所以，《我的世界》是一款真正的跨平台游戏，可以在电脑、游戏主机和移动设备上玩。

无论是《王者荣耀》，还是《我的世界》，它们都以特殊的游戏设计吸引了众多玩家。这两款游戏充分证明无论是简洁的操作设计，还是开放的游戏世界，只要设计得当，都能为玩家带来深刻而难忘的游戏体验。

### 5.VR/AR游戏设计案例

虚拟现实（VR）和增强现实（AR）已经成为游戏设计的新领域。这些游戏以提高交互性和沉浸感为核心，给玩家带来独特的游戏体验。以下是两款VR/AR游戏的案例。

（1）《节奏之刃》：这款游戏是由Beat Games开发和发行的一款VR游戏。在游戏中，玩家需要挥舞VR设备中的控制器，如同挥舞两把光剑，按照音乐的节奏切割飞来的方块。这种设计充分利用了VR技术的交互性和沉浸性，融合音乐和动作元素，创造了独特的游戏体验。

（2）《口袋妖怪GO》：这是一款由耐安堤克股份有限公司（Niantic）开发并与任天堂、宝可梦公司共同推出的AR游戏。该游戏将宝可梦的收集和战斗元素与真实世界的探索结合起来，玩家可以在真实世界中探索并捕捉虚拟的宝可梦。通过AR技术，这款游戏成功地将虚拟游戏元素融合到现实环境中，使游戏体验变得更为丰富，更具互动性。它不仅激发了玩家的探索欲望，也促使玩家在现实生活中进行更多的户外活动。

VR/AR游戏设计带来了全新的游戏体验，结合了现实世界的互动和虚拟世界的想象力。无论是以音乐和动作为中心的《节奏之刃》，还是以探索和收集为主题的《口袋妖怪GO》，都利用VR和AR技术的优势，打造出独特、创新的游戏体验。这种设计趋势对游戏产业有着深远的影响，预示着未来游戏设计可能的新方向。

### 6.在线游戏设计案例

在线游戏以其社交元素和实时互动为特色，已经成为游戏行业的一大分支。以下是三款在线游戏的案例。

（1）《英雄联盟》：这是由美国拳头游戏（Riot Games）开发并发行的一款在线多人竞技游戏，也是电子竞技领域的热门项目。游戏中，玩家被分成两个队伍，每个队伍五人，每位玩家控制一个"英雄"角色，需要与队友合作，采取各种战略和技巧摧毁对手的防线，并最终破坏对方的"水晶"。《英雄联盟》能够吸引全球范围内的数千万玩家，得益于其深度的战略元素、多样的角色选择以及高度竞争的游戏环境。游戏中有150多个英雄供玩家选择，每个英雄都有其独特的技能和战斗风格，为玩家提供了无尽的策略可能。为了保持游戏的新鲜感和深度，开发团队不断推出新的英雄并进行游戏更新。此外，游戏还通过举办全球电子竞技比赛来增加其影响力和吸引力。

（2）《魔兽世界》：《魔兽世界》是由著名游戏公司暴雪娱乐（Blizzard Entertainment）制作的第一款网络游戏，属于大型多人在线角色扮演游戏（MMORPG）。游戏以该公司出品的即时战略游戏《魔兽争霸》的剧情为历史背景，依托《魔兽争霸》的历史事件和英雄人物，有着完整的历史背景时间线。在游戏中，玩家可以在一个庞大的虚拟世界中探索、冒险，完成任务、与怪物战斗，甚至与其他玩家互动。

《魔兽世界》是一款深受玩家喜爱的大型多人在线角色扮演游戏，它以丰富的剧情、广阔的游戏世界、多样化的角色设定和深度的社交体验赢得了玩家们的喜爱。

（3）《模拟人生》：这是一款由美国艺电（EA）公司发行的生活模拟游戏，玩家可以在游戏中创建和控制虚拟的人物，模拟真实生活的各种活动。玩家可以自由设定人物的性别、外貌和性格，购买和装饰房子，发展人物的职业技能，甚至结婚和生子。《模拟人生》提供了一个自由的、可高度定制的虚拟世界，玩家可以根据自己的想象和偏好塑造和控制游戏角色的生活。这款游戏的成功证明了生活模拟元素对于玩家的吸引力，影响了许多其他游戏的设计和开发。

这三款在线游戏都以其独特的设计理念，吸引了全球范围内的大量玩家。它们的成功揭示了在线游戏设计的关键因素：深度的战略元素和丰富的角色选择，以及高度的自由度和可定制性。

以上案例展示了不同类型游戏在设计上的独特之处。游戏设计师通过精心的对故事情节、角色设计、游戏机制、视觉效果、声音设计、玩家交互和用户体验等方面的考虑，创造出吸引人且丰富、深入的游戏体验。界面设计也是重要的一环，为适应不同平台的操作方式，在电脑游戏设计中，注重键盘和鼠标操作，提供清晰的菜单、快捷键和界面布局；在主机游戏设计中，考虑手柄控制，方便玩家浏览菜单和进行游戏操作；在手机游戏设计中，适应触摸屏操作，使玩家轻松点击、滑动和拖动；对于VR/AR游戏设计，考虑虚拟现实头戴式显示器或增强现实设备的交互方式，提供直观的手势控制或控制器操作。通过精心的界面设计，游戏设计师为不同平台的玩家提供流畅、直观、符合操作习惯的游戏体验，增强了游戏的可玩性和用户满意度。

设计与情感密切相关，通过创造性的设计可以引发用户的情感共鸣和情感体验。设计师需要考虑用户的情感需求，并通过设计元素、情节和互动方式等营造情感连接和参与感。优秀的设计不仅可以提供娱乐和享受，还能激发用户的情感反应，创造深入人心的情感体验。在未来的设计中，情感将继续作为设计的重要考量因素，引领娱乐产业和数字娱乐领域的发展。

● 核心概念

情感　情绪　情感化设计　娱乐主题设计

● 思考题

1.情感和情绪在设计中的作用是什么？为什么情感化设计对用户体验至关重要？

2.人工智能如何应用于情感设计？请举例说明人工智能在情感识别、生成和交互方面的应用。

● 实践作业

情感化设计项目——要求学生以小组形式完成情感化设计项目，以探索和应用情感化设计的原则和方法。学生可以选择一个具体的产品、服务或场景，如手机应用程序、家居环境、教育课程等，然后根据情感化设计的理念，进行以下步骤：调研与用户分析、设计目标与理念、创意构思与草图、设计原型与演示、用户测试与反馈、最终呈现与讲解。

在设计过程中，要思考以下问题：

1.在情感化设计项目中，如何考虑用户的情感需求和体验？

2.在设计过程中遇到了哪些挑战？如何解决？

第五章

设计与审美

## | 教学目标 |

本章主要目标是帮助学生理解审美心理的本质以及在设计中的应用。通过对设计中审美心理的学习，让学生更好地理解设计作品的审美体验。

## | 教学重点 |

1.审美的本质，包括审美的定义和设计审美的特点。
2.功能美、形式美、艺术美和技术美在设计中的作用和相互关系。

## | 推荐阅读 |

[1] 徐恒醇.设计美学[M].北京：清华大学出版社，2006.
[2] 滕守尧.审美心理描述[M].成都：四川人民出版社，1998.

## | 教学实践 |

根据课后的实践作业要求，学生展示各自的设计作品，并邀请其他同学和老师对作品进行评价和讨论。学生需厘清在设计中运用的审美要素和设计理念，并回答讨论中提出的问题。通过汇报评估，提升学生的审美观念和审美理解能力。

设计与审美心理旨在探索设计与审美之间的关系。人们对设计作品的审美感受基于文化背景、个人经验和审美偏好。通过深入了解审美范畴中的功能美、形式美、艺术美、技术美，从而创造出更具吸引力和有意义的设计作品。

# 第一节　审美的本质

一说到审美，大家就想到美，从大自然的美到人文景观的美，从人体的美到服饰的美，从家居装饰的美到城市建设的美，美作为常见的现象和人的一种潜在追求，总是在自觉或不自觉地制约着人们。

## 一、审美

审美是指人观察、发现、感受、体验及审视等特有的审美心理活动。审美活动包括审美主体和审美客体。

审美主体一般来说是人类个体，而作为个体的人并非都是审美主体，只有当其从事审美活动，并具有一定的审美能力时，才成为审美主体。审美客体（又称为审美对象）指被主体认识、欣赏、体验、评价与改造的具有审美物质的客观事物。审美客体与审美主体构成审美关系。

审美活动离不开审美主体与审美客体的相互作用和关系。审美是在一定的场景中，审美主体与审美客体对话后客体留存在主体心中的感受。比如欣赏一幅画、一首音乐，对这幅画和这首音乐的总体把握就是审美主体对审美客体对象的认识。每个时代的人们都会形成独特的审美观，即使是同一个人，因心情的不同、成长阶段不同，对美的感知也不同。

## 二、设计审美

设计审美是对设计作品的主观评价和审美观点，它涵盖了对设计作品的形式、功能、情感、价值等多方面的认知和理解。设计审美包括设计的审美活动、设计的审美主体、设计的审美对象（客体）、设计审美的主客体关系等几个方面。

设计的审美活动：由沉淀着理性内容的审美感受经过感知、想象，主动接受美的感染，领悟情感上的满足和愉悦，在设计审美中展示自身的本质力量。设计的审美主体：设计者通过对客观世界的审美感受，以审美主体的意志创造设计的成果，为使用与欣赏提供审美对象，所以，包括设计者在内的每一个人都是设计成果的审美主体，也都是以客观世界为审美对象的审美主体。设计的审美对象：主要是设计的成果。设计活动既要按照美的规律，又要根据人的审美需要改造与创造，以自然、社会、艺术为审美对象，使设计的成果能激起人的审美感受和审美评价，使设计成果成为人的审美对象，并推动审美对象的发展。设计审美的主客体关系：客体制约着主体。客观因素要求设计者发挥主观能动性，不断发现、改造客体，使审美对象具有人的社会内容，渗透设计者的思想、情感、意志、智慧，确证设计者的本质力量。

# 第二节　中国传统文化审美心理

中国传统文化是中华民族用自己的语言文字创造和演绎的，体现了民族的精神和价值观。中国传统文化强调时空、人与自然的和谐统一，强调整体的重要性、人与人之间的道德准则以及平衡和谐。

## 一、方圆之道

方圆之道，是我国五千年的文明精髓，它包含了丰富的哲学思想和人生智慧。可以把方形和圆形看作最基本的几何图形，它们不仅是形状和图形，更是一种象征和思想的表达方式。方，代表着严格、规范、认真；圆，象征着饱满、亲和、融通。例如，古代的铜钱内方外圆。方为阳，圆为阴，一阴一阳之为道，方为自强不息，圆为厚德载物。

"方圆之道"的观念无论是在艺术、建筑、哲学、设计还是生活中都被广泛应用，可被视为一种美学原则和设计思维指导。方形和圆形的元素常常用来表达整体性、和谐性和平衡性。设计师可以运用圆的和方的形状、线条和比例，创造出符合"方圆之道"理念的设计作品。例如，在建筑设计中，圆形和方形的元素可以用于外观设计、立面组成和空间布局，营造出具有"方圆之道"理念的建筑形象；在室内设计中，设计师可以运用圆形和方形的家具、灯具和装饰品，使空间呈现出"方圆之道"的理念。

> **扩展知识**
>
> 　　紫砂壶是我们常见的茶具之一（图5-1），它的造型通常是方形和圆形。这种设计灵感源自中国传统文化中的天方地圆观念。圆形的紫砂壶造型最为常见，有各种各样的圆形壶；方形紫砂壶的种类相对较少，主要有四方形、六方形、八方形以及各种不规则的方形等。
>
> 　　中国收藏家沈泓在《紫砂壶里的中国》一书中说道："生活中需要明晰方圆之道、方圆交融、方圆并用、方圆互变的人生智慧，并知道何为做人之方，何为处世之圆，何时运圆以守方，何时持方以融圆。"和宜兴紫砂壶艺术家交流，不经意间，常听到的谈得最多的是"做人"或"做人如做壶"，其间包含艺术家对紫砂壶造型艺术的深刻感悟。
>
>
> 图5-1　寅春石瓢（桂花砂，王寅春作）
> （图片来源：沈泓《紫砂壶里的中国》）

## 二、和谐均衡

　　中国传统文化强调和谐的理念，追求团结与统一，使设计在审美的取向上讲究和谐，把四平八稳的象征性图案或物品看成美的标志。

### （一）形式上的和谐

　　和谐是形式美法则的最高形式，也叫多样统一。它的特征是统一而不单调，丰富而不杂乱，在单纯中见丰富，于变化中求统一。在设计中，中国传统文化中的和谐均衡理念被广泛运用，并成了重要的设计原则和审美准则。这种理念强调在设计中追求各个要素之间的平衡、统一与和谐，以达到整体的和谐与美感。

#### 1.契合图形

　　契合图形也被称为正负图形，是指图案之间没有重叠或间隙的相互衬托排列的图形。契合图形通常由多边形或常见的抽象形状组成，中国太极图即契合图形的典型代表。广为人知，太极图通过阴阳二极的紧密契合，形式简洁而不单调，是中国古人智慧的高度结晶，是中国传统艺术瑰宝中最具代表性的视觉符号之一。

契合图形的应用不局限于艺术领域，也可以延伸到产品设计、建筑设计等方面。将契合图形与传统文化元素相结合，通过图案之间的紧密衬托和无间隙的排列，展现和谐、平衡和统一的美感，从而创造出独特而富有吸引力的视觉效果，展现对传统文化的尊重和传承，同时以现代的方式表达出对传统文化的理解和诠释。

在汉字创意中，设计师必须认真地推敲尝试每一个笔画的变化方式，选择最合适的表现方法。设计师牛楠设计的3D立体字，将传统的汉字与高科技的3D打印技术结合，巧妙地融合了中国传统元素。例如，他设计的"中国"3D立体字，打破了传统平面字体的限制，360°旋转呈现不同的造型，为汉字赋予了立体感和动态效果（图5-2）。这不仅是形式上的创新，更是对传统文化的独特呈现，提供了一种全新的方式来理解和欣赏汉字的美。

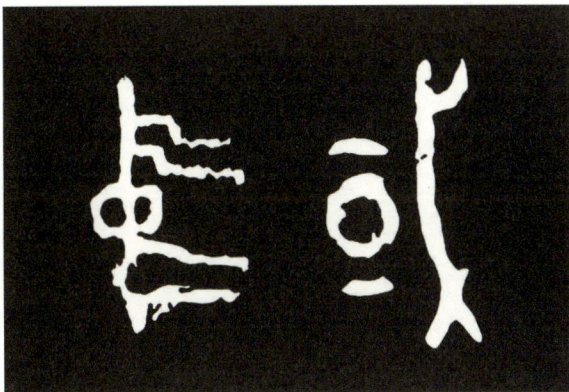

图5-2 汉字"中国"

---

**⚲ 扩展知识**

喜相逢又名阴阳鱼（图5-3），是一种典型的瓷器装饰图案，起源于太极图中的"负阴抱阳"图形。喜相逢由两条相互缠绕的鱼形图案组成，以S形线将一个圆分为一黑一白两半，黑白两色代表阴阳两方、天地两部，寓意阴阳相生。

图5-3 阴阳鱼（图片来源：《中国民间美术造型》）

明清时期喜相逢纹样得到广泛运用，寓意吉祥、福祉。除了运用于瓷器装饰领域，在建筑装饰、服饰、宗教壁画等领域也可以经常见到。

### 2.色彩的和谐

形式上的和谐中，色彩的和谐也是重要的方面。中国传统色彩源自天地间的万物，与五行元素相关联。古人认为"五行"（水、火、木、金、土）是世间万物起源的基本元素，"五色"（黑、赤、青、白、黄）自然成为中国传统色彩的基石。陈彦青在《观念之色：中国传统色彩研究》一书中说："中国传统色彩应用的核心是'观念'，具体体现为清晰的政治、伦理和文化目的。中国传统色彩观念是一种有目的性的设计，呈现在诗歌、文学、绘画以及生活用具等的色彩表达中，形成了独立于西方色彩体系的色彩体系概念。"❶

华夏古老文明丰富的想象力赋予了色彩以形象，每种色彩都具有其独特的意义。在色彩设计中，这一理念得到了体现。例如，红色代表火，是吉祥喜庆的象征，同时也体现着生生不息；黄色代表土，意味着神圣、伟大、高贵，被视为帝王之色。设计中合理运用这些色彩并将其和谐地组合在一起，表达出对五行平衡的追求，呈现出整体感与和谐感。

> ⭐ **扩展知识**
>
> 红黄两色是明清皇家建筑的专属色彩。红是火的象征，黄代表着土地，古人认为土居中，故黄色为中央正色，帝王居所以红黄配色为主也就不难理解了。故宫的复兴也掀起了一股"中国式审美"的复兴（图5-4）。
>
>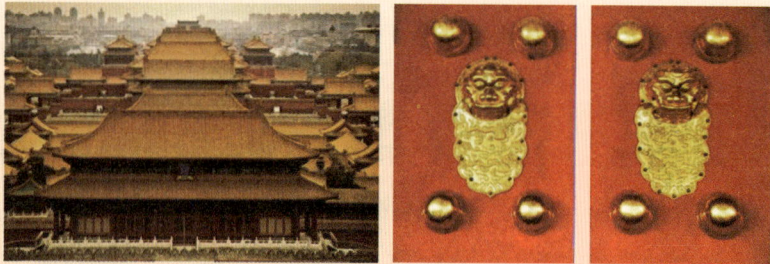
>
> 图5-4　故宫图片

### （二）心理满足的和谐

#### 1.圆形崇拜

在中国传统文化中，圆形象征着和谐、完整和无限。中国古人在对日、月、天、

---

❶ 陈彦青.观念之色：中国传统色彩研究[M].北京：北京大学出版社，2015.

生命的感性观察中接触了"圆"的概念，对圆形产生崇拜心理，并进一步对圆有了深入思考，产生了圆道宇宙观和对圆满、和谐、生生不息的向往与追求。因此，研究中华民族的圆形文化心理，离不开中国人对圆形的特殊感受。隋唐以后发展起来的宝相花纹样即大多呈圆形或类似圆形，它的纹路往往从中心向外呈发散状，花纹层层交错，其对称、均衡造就的和谐效果显而易见（图5-5）。清代的青花五福捧寿如意纹盘，是一个圆形的青花瓷盘，盘中除了两圈圆形如意纹饰外，中间图案是五只蝙蝠（和"福"谐音，寓意幸福）围着一个圆形的"寿"字，形成"五福捧寿"的主题，不仅形式均衡有序，其祝福多寿的寓意也包含其中（图5-6）。

图5-5 宝相花纹样

图5-6 青花五福捧寿如意纹盘

作为中国传统装饰纹样，团花纹样在织物、陶瓷、铜镜、绘画、结艺、剪纸中都会出现，它主要是以各种花花草草、飞鸟鱼虫、龙凤和其他动物等组成的纹样，很好地展现了圆的和谐美感（图5-7）。

从"圆"本身来看，穿过圆心的任何一条直径都能把圆分成完全均等的两部分。所以，圆形从视觉角度看是一种高度对称与均衡的图形，具有一种和谐的美。通过在设计中运用圆形元素，如圆形建筑、圆形花坛等，可以给人一种宁静、

图5-7 苏绣蝴蝶团花纹
（图片来源：古月《中国传统纹样图鉴》）

和谐的感觉。圆形的连贯、流动的形态也能够促进人们内心的平衡，提升满足感。例如，界面设计结合中国传统文化，将列表界面操控图标与圆结合，进度条运用圆形来

表现圆满心理（图5-8）。

### 2.吉祥寓意

中国传统文化中充满了各种吉祥寓意的纹样和图案，如龙、凤、麒麟、鹿、鹤等，人们常常借助同音字的谐音巧妙地结合图案形象，使形式

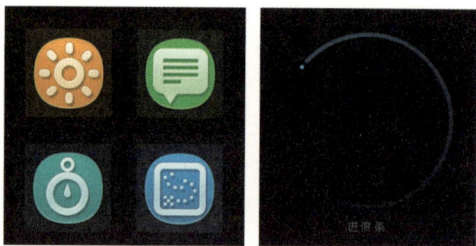

图5-8　界面操控图标

与内容巧妙结合。这些纹样可以说是图必有意，意必吉祥。左汉中在《中国民间美术造型》一书中说："我国自古以来就视吉祥为福瑞喜庆、诸事顺利的词语。"

🏮 扩展知识

福寿双全是指幸福和长寿两全（图5-9），也是中国传统文化常用的吉祥纹样。古人常以蝙蝠、桃和双钱组成寓意"福寿双全"的吉祥图案，取"蝠"与"福"同音、"钱"与"全"谐音，桃象征长寿之意。

图5-9　桃花坞年画（图片来源：古月《中国传统纹样图鉴》）

据研究者考证，在汉代就已出现各种吉祥图画；到了唐代以后，吉祥题材的图画变得非常流行，尤其是在民间传播广泛；清代时期，丰富多彩的吉祥图案纹样已经广泛流传于民间，如民居建筑、雕花木器、木版年画、糊墙花纸、剪纸窗花等都有吉祥图案纹样的身影。至今，吉祥图画和图案以各种形式出现在人们的生活中，如家居装饰、家具摆设、织物纹样等，它们以独特的形象和寓意，给人们带来欢乐和幸福感。

🏅**扩展知识**

　　《一团和气》（图5-10），初创于明人"酒狂仙客"，一道士盘坐一团，或胸前佩戴"长命富贵"银锁、满脸喜气盈盈的童子，双手展开"一团和气"字卷。清代苏州桃花坞年画中出现"一团和气"字样，成为民间喜爱的吉祥年画。此图多用于建筑装饰和织物、泥塑等工艺品（图5-11）。

图5-10　木版年画《一团和气》
（图片来源：左汉中《中国吉祥图像大观》）

图5-11　桃花坞年画

## 三、顺时生活

　　顺时生活是遵循自然规律、尊重时间节奏和顺应季节变化的生活方式。在设计中，将中国传统文化的顺时生活理念与现代设计理念相结合，可以创造出更具人文关怀和与自然和谐共生的设计作品。

　　中国传统文化注重人与自然的和谐关系，强调顺时应景。例如，智能家居产品设计使人们能够根据时间和季节的变化自动调整室内温度、照明、窗帘等，提供舒适的居住环境。又如，针对不同季节的健康产品，帮助人们保持良好的身体状况，如夏季设计防晒霜、清凉贴和遮阳帽，帮助人们抵御夏日的高温和紫外线；冬季设计保湿乳液、暖宝宝和防寒面罩，帮助人们保持皮肤湿润和保暖。中国传统文化强调节气的重要性，在产品设计中可以根据传统节日和节气的特点，设计出与之相关的产品。例如，根据春节的传统习俗和节气，设计春节红包的外观和结构，使其既具有传统的祝福意义，又符合现代审美和使用需求。设计针对其他传统节日和节气的产品，能够更好地满足人们的文化情感和生活需求。

春节期间，人们需要精心挑选春节伴手礼。在2019年末，一款名为"转运福筒"的新年礼物成功入选文化和旅游部春节涉外礼品（图5-12），并由180多位驻外使馆的参赞们携带到世界各地，成为国际交流的特别礼品之一。"转运福筒"里面包含爆竹福筒、转运灯笼、春联、福字、窗花、红包、新年贺卡等等，所有春节的传统元素一应俱全。这份新年礼物充满了惊喜和与众不同的寓意，不落俗套。

图5-12　春节伴手礼"转运福筒"

中国传统文化的顺时生活为设计带来独特的思维方式和创作灵感。通过将传统文化的智慧与现代设计的技术和理念相结合，可以创造出具有深厚文化内涵、实用性和审美价值的设计作品，推动中国传统文化的传承与创新。

# 第三节　设计的审美范畴

设计美包含功能美和精神美两个方面。具体而言，随着现代设计的发展，最初的功能美已经不能满足使用者的审美需求，从现代审美范畴来讲，应该包括很多"美"，这里主要讲功能美、形式美、艺术美、技术美。

## 一、功能美

功能美是指产品在功能、性能和实用性方面所展现出的美感。设计要满足用户的实际需求，提供便捷、舒适、高效的使用体验，满足用户的需求，提升用户的满意度。

设计产品的功能因素分为实用功能、认知功能和审美功能三个方面。

## （一）实用功能

实用功能也称物质功能，指通过产品的设计满足人们的物质需求，使产品能够直接满足人的某种物质需要。

实用功能为人们提供直接的物质满足，为人们生活和工作提供支持和便利。在数字产品和应用程序的设计中，实用功能是至关重要的，设计师注重用户界面的易用性、导航功能和信息呈现等方面，通过合理的布局、清晰的标识和直观的操作，为用户提供友好的数字体验。智能家居系统利用物联网和自动化技术，将家居设备和系统连接起来，提供便捷的控制和管理。例如，通过智能手机控制灯光、温度、安防系统等，提高生活的便利性和舒适度。每一件物品都有其自身的价值，其中最重要的就是实用功能。实用功能是产生一切认知功能和审美功能的根源。

意大利设计师法比奥·米利托（Fabio Milito）设计的插花器具（图5-13），设计灵感源于挂于墙上的鹿头装饰，设计师对简单、天然的材质加以利用，制作出了别致的装饰物，不仅凸显了它的实用功能，更起到了很好的装饰作用。

克里斯托弗·萨尔基西安（Christopher Sarkisian）设计的台灯（图5-14），看上去具备无线充电模块的功能，其实它还有一个更神奇的功能：当你把手机放在底座上，会自动设置手机为免打扰模式。如果你想安静下来，或许这款台灯能帮到你。

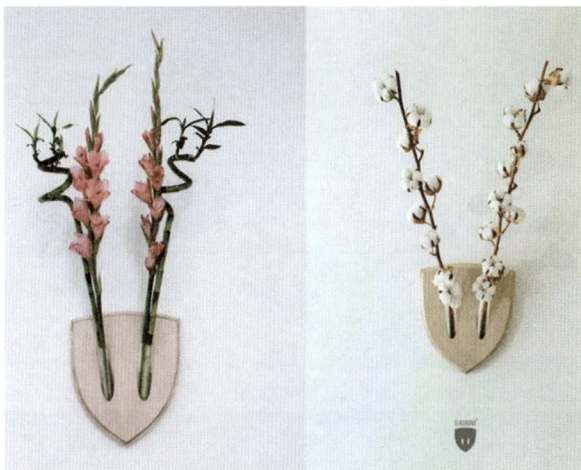

图5-13　插花器具（图片来源：设计在线官网）

图5-14　克里斯托弗·萨尔基西安设计的台灯
（图片来源：设计之家官网）

## （二）认知功能

认知功能是指通过感官接收物体的信息刺激，

形成整体认知，并产生相应概念的能力。通过设计的形式、布局、图案、色彩等因素，向用户传达特定的信息或引导其行为，帮助人们更好地理解和使用产品，提供指引和引导，创造直观、易于理解的体验。认知功能通过指示功能、象征功能和展示功能来实现。

手机应用程序的图标通过简洁明确的形状、颜色和符号，向用户传达特定的功能和用途，使用户能够快速辨识和选择所需的应用程序。例如，电话图标代表通话功能，齿轮图标代表设置功能，人像图标代表通话功能等（图5-15）。

图5-15　华为与苹果图标对比

这些图标的设计通过认知功能，使用户能够轻松理解和使用手机应用程序，为用户提供便利和高效的体验。

🏅 扩展知识

人们常常通过以往的认知来理解新事物，基于这一点，早期应用界面多采用拟物风格，以便人们理解和操作（图5-16）。

古董-软盒　　　　　　保存图标

图5-16　图标设计（图片来源：设计之家官网）

### 1.指示功能

指示功能指的是设计物体或环境中的元素或特征，以向用户或观察者传达特定的信息或指导其行为，通过设计的形式、布局、图案、色彩等因素来实现。它帮助用户迅速理解和使用产品，提供必要的指引和方向。通过明确、简洁、易于理解的指示信息，用户可以轻松找到所需的功能或完成特定的操作。

在景区或公共场所设置的指示导向标识，即通过位置安排和清晰的标识帮助游客找到正确的路径和目的地。图标设计用于指示出口的方向时，设计师可以使用箭头形状、明亮的颜色和清晰的图案，将用户的注意力引导到正确的方向。例如，指示导向标识是从功能需求的角度为游客设置的（图5-17），其位置安排实际上是景区人流交通疏导系统的一项工作，一般出现于两个或多个空间相互转换或交叉的地方，为游客指路。

指示功能在设计中起着重要的作用，可帮助用户理解信息、找到所需的位置、遵守规则或进行正确的操作。通过合理运用设计元素和技巧，设计师能够有效地实现指示功能，提供清晰明确的指导，传达信息。

图5-17 上海世博会中国馆场馆标识导视

🔆 设计提示

控制界面的设计（图5-18）需要明确指示每个按钮的功能和操作方式。通过符号、标签、色彩和排列方式，设计师可以使用户轻松理解和操作设备，提供良好的用户体验。

图5-18 智能家居系统控制界面

## 2.象征功能

象征功能是指通过产品的外形、色彩、比例等视觉元素来表达一定的思想、观念、态度或愿望。设计的象征功能可以表达时代特征和文化内涵，不同的时代和文化有着不同的符号和象征体系，设计可以运用这些符号和象征来表达特定的文化价值观和社会意义。例如，红色在中国文化中象征喜庆和吉祥，设计师可以运用红色元素来表达这种文化内涵，使产品与用户建立文化共鸣。

一幅关于塑料污染问题的海报，巧妙地将象征和平的鸽子与塑料污染有机结合，通过独特的创意表现手法，寓意着塑料污染对生态环境造成的破坏（图5-19）。

图5-19  塑料污染问题的海报

## 3.展示功能

展示功能指的是通过设计手段将信息、产品或概念以清晰、有吸引力的方式展示给用户，可以满足用户对于信息获取和行为引导的需求。它通过设计元素的合理安排和明确表达，帮助用户理解和识别特定的信息，并指导用户使用产品或参与环境时的正确行为。

在设计中，展示功能的应用非常广泛，如界面设计、网页设计、产品包装设计等。例如，在网页设计中，设计师需要将网页的内容以直观、易于理解的方式呈现给用户，通过合理的布局、清晰的导航结构、吸引人的图片和视觉元素，以及易于阅读的字体和排版，有效地展示网页的信息、产品或服务，使用户能够轻松地浏览和获取所需的信息。

网站设计中（图5-20），页面加载的同时会有一个有趣的3D线性动画展示在屏幕中，箭头代表动感与流畅，并鼓励用户向下方内容滚动鼠标。

### （三）审美功能

审美功能是指设计中通过美感和艺术性的表达，引发人们审美体验和情感共鸣的功能。它强调设计的美学价值，通过形式、色彩、比例、材质

图5-20  网站加载页面

等设计元素的有机组合和创造性表达，创造出令人愉悦、赏心悦目的视觉效果。

审美功能可在平面设计、室内设计、产品设计、建筑设计、网页设计中应用。例如，在海报设计中，设计师可以通过创造性的形象设计、独特的字体选择和精细的排版布局，打造出具有辨识度和美感的品牌标识。

在一个设计产品中，实用功能、认知功能和审美功能是相互交织、相互联系的，它们共同构成了一个综合的设计。虽然它们在设计中的重要程度可能因为设计产品的实际用途而有所不同，但并不意味着次要的功能可以被忽视或可有可无，而是每个功能都有其独特的地位和作用。

## 二、形式美

形式美是指产品或作品在外观、造型、色彩、材质等方面所呈现出的美感和艺术性。它是设计中的一个重要方面，与功能美相辅相成。

在自然界中，也许人们最容易感受到形式美。在设计中，形式美的构成首先离不开形式美的形成因素，通过对产品的造型、材料、颜色的设计，结合先进技术，可以体现不同的形式美。例如，水平直线给人以舒展感，垂直线给人以刚直感，曲线给人以柔和及轻盈感，折线给人以动感和焦虑不安感。形式美的构成还可以是这些形成因素的组合规律，即形式美的法则，包括对称、对比、节奏、统一、比例、重心、分割。

### 🏅 扩展知识

在用户界面设计过程中，对称、对比的形式美法则有助于美化界面的视觉效果，增强用户体验（图5-21）。对称性在基于轴和中心点的界面设计中得到了体现，每个元素在大小、形状和排列上都有对应关系，形成一个同态的等量结构。对比是将不同的质或量形成的强和弱、大和小等相反的东西放置在一起时产生的区别和差异，由于互相刺激，产生大的显得更大、小的显得更小的视觉效果，起到使形象更加突出的作用。

图5-21　界面设计中的对称与对比（图片来源：设计之家官网）

### （一）对称

对称是指物体或元素在形式、结构或布局上关于一个中心轴线或平面的镜像对称。对称在设计中传递了一种平衡和稳定的感觉。通过对称的布局或形式，设计能够创造出一种视觉上的平衡感。

例如，平面构图中的对称可分为点对称和轴对称。轴对称的图形，两部分的形状完全相等。以一个中心点为中心通过旋转得到的图形，即点对称。点对称包括向心的"球心对称"（图5-22）、离心的"发射对称"（图5-23），以及自圆心逐层扩大的"同心圆对称"（如图5-24）等。

图5-22　球心对称　　　　图5-23　发射对称　　　　图5-24　同心圆对称

在设计中，可以使用对称的布局创造平衡感。将元素沿着中心线或中心点进行对称排列，使得左右或上下的对应部分呈镜像关系，可以使设计看起来整洁、稳定和有序。虽然对称是一种常用的设计原则，但有时也可以突破对称的限制，引入一些不对称或部分对称的元素，这样可以增加设计的动态感和视觉趣味。

### （二）对比

对比是指通过在元素之间创建鲜明的差异和对立，达到强调、突出和创造视觉冲突的效果。这些元素可以是色彩、形状、大小、纹理、明暗度、线条等。

对比可以帮助设计传达信息、吸引注意力和创造视觉冲击力，可以使设计更加生动、引人注目，并突出设计中的重要元素或概念。例如，一个海报设计中使用鲜明的对比色可以使文字和图像更加突出和易于阅读（图5-25）；界面设计中使用纯色与简洁的

图5-25　对比

文字对比来处理信息之间的层级关系，可以吸引用户的注意力并传达信息等（图5-26）。

通过在设计中使用对比，可以突出或强调作品中的重要元素或信息，通过在大小、颜色、形状或纹理上创造对比，将注意力引导到设计的关键部分。虽然对比可以增强设计的效果，但设计师也需要注意对比的平衡。过度的对比可能会导致视觉混乱或不和谐的效果。因此，在运用对比时，需要谨慎考虑并保持整体的平衡和统一性。

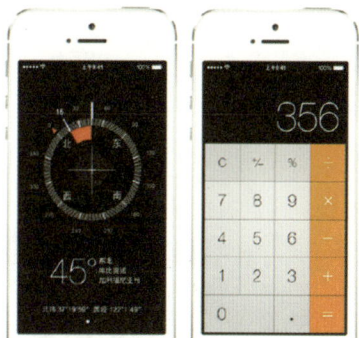

图5-26 系统的界面

### （三）节奏

节奏是指通过元素的有序排列和重复运用，创造出一种有规律、有节奏感的视觉效果。这些元素可以是线条、形状、颜色、纹理等，它们的排列和运用方式决定了设计中的节奏。它可以创造出一种有序、和谐的整体感，使设计看起来有组织性和统一性。

在建筑设计中，可以通过建筑的形式、比例、结构等元素的有序排列和重复运用，形成建筑的节奏感、增强建筑的动感和美感。鄂尔多斯博物馆造型独特（图5-27），外观似一块饱经风雨磨砺侵蚀的"磐石"，巨大的建筑外层包裹着抛光金属百叶窗，重复中又自然地由一条条曲面围绕，使整个空间充满了重复的节奏，营造了一种音乐般的美感。在网页设计中，可以利用图片或是文字的节奏获得较高的注意力，让无趣的版面充满活力。另外，排版层次丰富，也可以区分文章主次信息，并让浏览更加轻松，提高版面的视觉度。

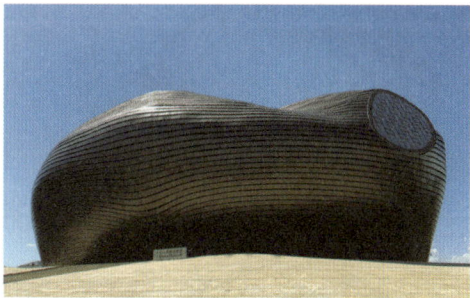

图5-27 鄂尔多斯博物馆

### （四）统一

统一是指通过元素的一致性和协调性，创造出整体上的一致性和和谐感。线条、形状、颜色、纹理、字体等在设计中起到统一、凝聚和传达主题的作用，使设计更加整体、有序。

设计中的统一可以运用在各个领域和设计作品中。在版面设计中，通过统一的图像风格、字体选择和排版方式，传达广告的主题和信息，提升广告的视觉冲击力和记忆度。最能使版面达到统一的方法是保持版面的构成要素少一些，而组合的形式却要丰富些（图5-28）。在网页设计中，统一可以体现在图片、色彩、区块、布局、字体、视觉元素。此外，还有交互上的统一，体现了在图片大小尺寸上的统一、颜色色系上的统一和图片风格的统一。

图5-28　版面设计

### 🎓 扩展知识

常见的网页标签区块，正常鼠标移过会显示主色——橘色（图5-29），一个错误的示例是，倘若这个鼠标按钮移过显示橘色且按钮放大，另外一个按钮鼠标移过显示蓝色或绿色，且这个按钮被缩小，在视觉和交互上不统一，这样的交互体验会让浏览者使用起来感到比较突兀。所以设计师在视觉、交互方式和操作结果上要保持一致。

图5-29　网页设计（图片来源：腾讯云官网）

## （五）比例

比例指的是部分与部分或部分与整体之间的数量关系。它涉及元素之间的尺寸、比例，以及比例关系的选择和运用。

比例是设计中一个重要的概念，它主要研究如何满足人们在使用和欣赏事物时的功能和审美需求。人们通过长时间观察现实世界，研究数学，发现了一种被认为最能引起视觉美感的黄金分割比例。即将一条线段的头尾两点设为A点和B点，然后在线段中设置C点，整条线段AB与较长部分AC的比值和较长的AC段与较短的CB段的比值相同，这个比值就是黄金分割比，而C点就是黄金分割点，近似值为0.618（图5-30）。

图5-30　AB线段（图片来源：善本出版有限公司《和谐之美：探索设计中的黄金比例》）

在正方形其中一条边上确定中间点A，从点A向一个对角点B画一条连接线，将线段AB作为半径画一段圆弧，与正方形底边的延长线相交于点C。正方形右侧所形成的矩形与正方形共同构成黄金矩形（图5-31）。

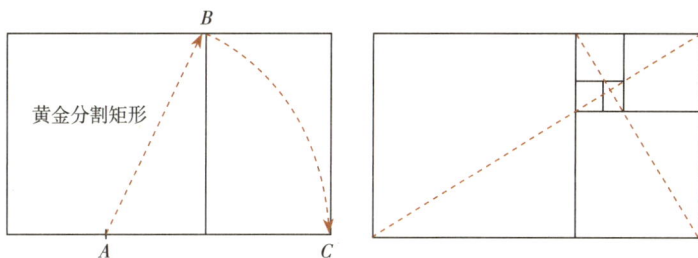

图5-31　黄金矩形（图片来源：金柏丽·伊兰姆《分寸，设计：发现黄金比例恒久之美》）

黄金矩形减掉正方形可以无限生成等比的黄金矩形，以这些等比减小的正方形的边长为半径画出四分之一圆，连接起来可以构成一条完美的螺旋线，即黄金螺旋线。黄金螺旋线在设计中也可以见到（图5-32）。

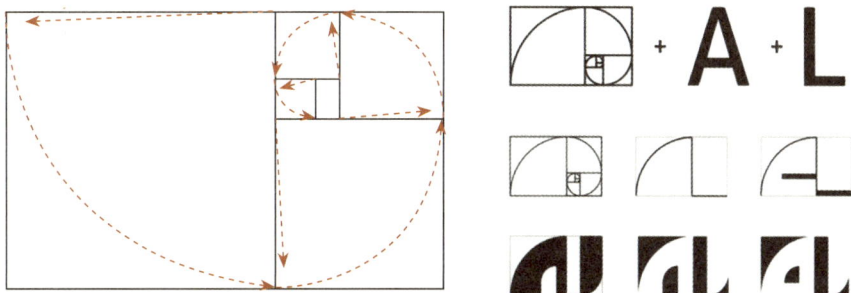

图5-32　黄金螺旋线与标志设计（图片来源：善本出版有限公司《和谐之美：探索设计中的黄金比例》）

在自然界中，黄金比例无处不在，从蜗牛的壳到树木的分叉再到人体比例，在绘画、雕塑等艺术作品中，符合这个比例的更是不胜枚举，从达·芬奇、拉斐尔、米开朗基罗等大师们的作品中都可以找到黄金分割的佐证。

> **扩展知识**
>
> 古罗马学者和建筑师马可·维特鲁威·博里奥（Marcus Vitruvius Pollio）的著作是现存的对人体比例和构造的最早书面记载。他认为人体的各部分之间存在着一种和谐比例关系，寺庙建筑应该模仿人体的完美比例。维特鲁威描述了这一比例，并这样解释道：一个体形匀称的男性，其身高应等于他双臂张开的长度。他的身高和臂展长度构成了包围其身体的一个正方形，而他的双手和双脚都位于一个以肚脐为圆心的圆上。在这样的一个系统内，人体在一边的腹股沟处被平分成两半，同时在肚脐处以黄金比例被分割开来。文艺复兴时期的画家莱昂纳多·达·芬奇也采用了维特鲁威的比例标准。他绘画作品都完全符合维特鲁威的比例体系。

## （六）重心

重心是指视觉上的平衡点或平衡状态，通过元素的布局、分配和组织来实现。它涉及元素在设计中的分布、重量和位置等方面的安排，以达到整体的稳定与和谐。

重心的位置和分布可以引导用户的目光，设计师可以利用重心来引导用户关注重要元素，建立视觉的层次和导向。视觉重心可以通过不同的表现形式来体现，同样的物体，颜色、大小不同，在视觉上给人的轻重感觉也是不一样的。画面重心偏离会起到强调突出的作用，使得主体地位更加鲜明（图5-33）。

图5-33 视觉重心

设计中的重心可以运用在各个领域和设计作品中。在平面广告设计中，一幅广告所要表达的主题或重要的内容信息往往不应偏离视觉重心太远（图5-34）。在界面设计中，播放器的三角形图标，要把三角形放在矩形的中间对齐，用户需定位核心要素，最终找到重心，可以更有效地吸引用户注意力，营造视觉焦点（图5-35）。

图5-34 海报设计中的重心

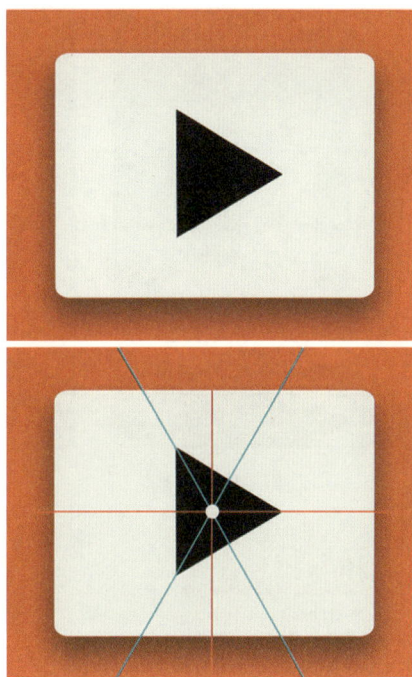

图5-35 界面设计中的重心

## （七）分割

分割是指将设计元素或空间分隔开来，创造出不同的区域或部分。它涉及将整体划分为各个独立的部分或单元，以实现视觉上的组织和秩序感。分割可以通过线条、颜色、纹理、形状等设计元素的运用来实现。

分割可以用于强调特定的元素或区域。将重要的内容放置在分割的某个部分，可以吸引用户的注意力。同时，分割也可以用于平衡设计中的各个元素，以实现整体的均衡和协调。分割可以运用在各个领域和设计作品中，包括网页设计、平面设计、界面设计等。

在海报设计中，设计师可以使用分割线或边界来将不同的内容或功能区域分隔开，使其更易于阅读和理解（图5-36）。在网页设计中，使用网格系统或分栏布局来将内容分割为不同的区域，使页面结构清晰明了，并提供更好的导航和用户体验。在界面设计中，分割可使页面布局更加清晰，用户在屏幕上清晰地组织内容（图5-37）。

图5-36　海报设计中的分割图

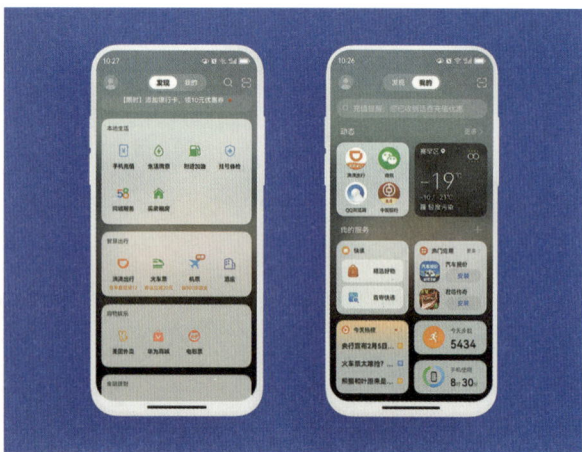

图5-37　界面设计中的分割

🏅 **扩展知识**

　　在用户界面中，有五种基本且广泛使用的分割方法：线条、颜色、负空间、阴影/体积、图像。其中各种类型的图片是一种更有效的分割方法。在博客、在线媒体和基于文字的着陆页中很受欢迎。照片、插图、3D图形及动画图像，有助于平衡文字内容，提高可读性，并增加趣味性和情感吸引力。例如，餐厅应用程序的菜单屏幕中，将图像用作划分选项的关键元素（图5-38）。

图5-38　应用程序中的分割

　　形式美在设计中起着重要的作用，它是通过设计元素的组织和处理来实现的。设计师可以通过合理运用比例、平衡、线条、形状等设计手法，创造出令人愉悦、和谐而富有个性的外观，满足人们对美的感知和欣赏。同时，考虑到文化和时代的因素，形式美也需要与特定的文化背景和审美观念相结合，以创造出与时代潮流和用户需求相适应的设计作品。

## 三、艺术美

　　徐恒醇在《设计美学》一书中提及："艺术，是以纯粹艺术门类的艺术品为限，艺术美则是指这类艺术所特有的审美价值。对艺术美的感受离不开艺术形象和艺术媒介，艺术因素是构成设计的重要内容，并将其融入设计中，创造更具艺术韵味的设计。"❶

鉴于此，艺术美可概括为设计作品所具有的审美价值和艺术性。它体现了设计师对形式、结构、材料、色彩等元素的创造性运用，以及对美感和情感的表达。设计的艺术美旨在创造具有视觉吸引力和情感共鸣的作品，使人们产生审美愉悦和享受。

审美是人们对艺术的感受和喜好，是艺术作品的重要特性。艺术通过审美的表现来实现社会功能。如果一件艺术品不能引起人们的审美共鸣，就不能算是真正的艺术品。因此，艺术美是艺术品中审美价值的核心，它也可以存在于物质产品中。艺术以人的审美感受和精神建构为方式，通过艺术形象来描绘和表达人们的社会生活。艺术品的主题无论是什么，都以人为中心，从人们的审美感受出发来表达内涵。因此，艺术美是主客观的统一，同时受个人主观感受和普遍审美标准的影响。

## （一）艺术美的表现形式

艺术美的表现形式是多样的，可以分为视觉艺术美、色彩艺术美、材料与质感艺

> **⊗ 扩展知识**
>
> 弗兰克·劳埃德·赖特（Frank Lloyd Wright）是20世纪极具影响力的建筑师之一，他的建筑作品融合了自然环境和创新结构，展现出独特的艺术美。例如，他设计的"流水别墅"以其几何形态与自然环境的融合而著名（图5-39）。
>
>
>
> 图5-39 赖特的流水别墅

❶ 徐恒醇.设计美学[M].北京：清华大学出版社，2006：147-148.

术美及空间艺术美。

视觉艺术美涉及形式、结构、比例、对称等视觉元素的运用，以创造视觉上的和谐与平衡。这可以包括平面设计、产品设计、建筑设计等领域。色彩艺术美通过色彩的选择、组合和运用，创造出鲜明、和谐、富有表现力的色彩效果。色彩在室内设计、平面设计、服装设计等领域起着重要的作用。材料与质感艺术美通过选择合适的材料、处理技术和表面质感，创造出丰富的触感和质感。这在产品设计、室内设计、时尚设计等领域中具有重要意义。空间艺术美涉及对空间布局、形式塑造、视觉导引等方面的处理，以此创造出舒适、流畅、有层次感的空间体验。

### （二）艺术美的特性

设计艺术美的特性包含形象性、典型性和永久性。这些特性共同给设计作品赋予了独特的表达能力和艺术价值。

形象性是指设计师根据自身对生活的经验和对美的理解，创造出具有独特形象的设计作品。设计师通过创造力和表达方式，运用形状、线条、色彩、材质等元素，打造出独特的艺术形象。这些形象可以是真实可见的、抽象的或象征性的。通过这些艺术形象的表达来使设计作品引发人们的感官和情感共鸣，带给人们愉悦或震撼的美的体验。典型性是指设计作品反映事物的本质和普遍性的特征。设计艺术美的典型性不仅是对事物外在形态的呈现，更重要的是透过形式去表达内在的本质和普遍的价值。它通过精心选择和处理元素、形状、色彩、材料等，创造出能够代表整体特征的作品。永久性是指设计作品可以不受时间和空间的限制，通过不同的方式进行再现和传承。优秀的设计作品能够触动人们内心深处的情感和共鸣，不论是当代还是未来，人们对于美的追求和情感体验是永恒不变的。设计作品可以通过不同的媒介和技术进行再现和展示，如印刷品、数字媒体、展览等。这使得设计的艺术美能够跨越时空限制，被更多人欣赏和体验。

艺术美可以帮助设计作品塑造独特的品牌形象和身份，同时表达设计师的情感、思想和理念，使观者产生共鸣和情感连接。

## 四、技术美

技术美是指在设计作品中展现出的技术层面的表现。它体现了设计师对工具、材料和工艺的熟练掌握，以及创新运用技术的能力。设计的技术美强调细节处理、精确性和创新性，它是设计作品成功的重要因素之一，能够提升功能性、可用性和美感，增强用户体验，使设计作品具有持久的魅力和竞争力。

设计的技术美包括多个方面的表现。首先，它涉及设计师对工具和材料的熟练运用，设计师需要掌握各种工具和软件，熟悉材料的特性和加工方式，以确保设计的可行性。其次，技术美还包括设计过程中的细节处理。设计师需要注重细节，精确地处理线条、比例、结构等，使设计作品达到完美的平衡与和谐。最后，设计的技术美还包括创新和突破传统的技术应用。设计师可以通过运用新材料、新工艺或结合不同的技术领域，创造出新颖独特的设计效果。

设计的技术美不仅体现在产品设计中，还体现其他设计领域，无论是数字界面的流畅交互，还是建筑结构的精确构造，技术美都是设计作品成功的重要因素之一。

### 扩展知识

荷兰埃因霍芬（Eindhoven）设计学院的一名学生设计的日夜灯（Day&Night Light）（图5-40），此作品获得了设计和建筑领域的权威杂志 *Wallpaper* 2015年设计大奖。二色性玻璃在内置时钟控制下，随光源照射在白天呈现蓝光以刺激头脑清醒，夜晚则变成橙黄的光线促进睡眠。在技术性之外，难得的是这个设计不乏美感及诗意。两灯宛如太阳与月亮，会在24小时不同时间里随着光的变化来自然波动，也会遵循日夜周期的规律，来呈现符合生物钟的光。玻璃在不同的光源下会呈现不同的颜色——白天以冷色调来刺激头脑的清醒，夜晚的暖色光有助于睡眠。设计师希望通过它来缓解人们的"冬季忧郁症"。

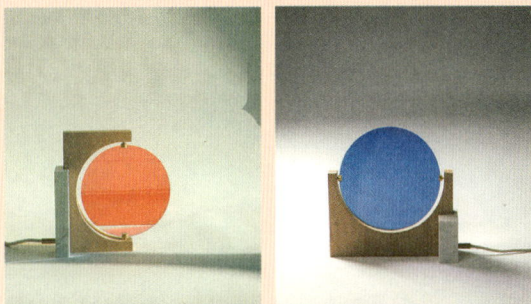

图5-40 日夜灯缓解你的"冬季忧郁症"

设计的技术美不仅追求技术的高度，更注重将技术与艺术相结合，以实现设计的整体效果和目标。技术美是设计作品的基石，它能够增强设计的功能性、可用性和美感，提升用户体验。

设计与审美心理的研究可以帮助设计师理解人们对设计作品的感知、喜好和评价，从而指导设计实践。同时，可以结合中国传统文化的审美心理，融入独特的文化元素，丰富设计的内涵和表达。设计与审美心理是一个综合性领域，它关注设计作品与人的感知、情感和行为之间的关系。设计师可以通过了解审美心理，更好地把握人们对美的偏好和需求，创造出更具吸引力和与人们情感共鸣的设计作品，满足人们的审美需求和情感体验。

● 核心概念

审美　审美心理

● 思考题

1.什么是审美心理？为什么审美心理在设计中非常重要？

2.分析功能美、形式美、艺术美和技术美在设计中的不同作用和表现方式。举例说明这些审美范畴如何影响人们对设计作品的感知和评价。

● 实践作业

选择一个日常生活中的设计对象，如家具、电器、书籍封面等，观察并分析它的审美特征。考虑它的功能美、形式美、艺术美和技术美，并解释为什么它是一个成功的设计。并选择一个自己感兴趣的设计领域（如室内设计、平面设计、产品设计等），研究该领域的审美趋势和创新点。撰写一份报告，介绍所选领域的最新设计趋势，并对其中一项创新作出评价。

第六章

# 设计与用户心理

## | 教学目标 |

本章主要目标是通过设计与用户心理的学习，理解心智模型的特征、形成过程和运作方式，理解实现模型、呈现模型和用户心智模型的概念和关系。

## | 教学重点 |

1.如何在设计中利用心智模型。
2.实现模型、呈现模型和用户心智模型的关系。

## | 推荐阅读 |

[1]路行己.体验传递：游戏用户体验分析与设计[M].北京：机械工业出版社, 2020.

[2]杰斯·詹姆斯·加瑞特.用户体验要素：以用户为中心的产品设计（原书第2版）[M]. 范晓燕，译. 北京：机械工业出版社, 2011.

## | 教学实践 |

通过思考题和实践作业，评估学生对心智模型的理解和应用能力。通过学生作业，评估学生对实现模型、呈现模型和用户心智模型的理解程度。

设计师的目标不只是要创建出功能齐全且易于操作的产品或服务。更重要的是深入理解和洞察用户的行为、需求、情感及认知过程，以便更精准地满足他们的期待。在设计过程中，理解用户心理是基础且关键的步骤。

# 第一节　用户分类

设计工作的目标用户群体广泛，因此，需要对各类用户群体有充分的了解，并能进行精细的划分，以便建立全面的用户模型。需要清楚地区分"用户"和"消费者"的概念。"用户"指的是产品或服务的实际使用者，不论是付费还是免费，只要使用了产品或服务，就可以被称作"用户"。而"消费者"则主要指购买了产品或服务的人。在某些情况下，产品的消费者可能并非最终的使用者。因此，当设计者进行设计时，主要关注的对象应该是用户或最终使用者。针对用户的使用经验、熟悉程度和使用频率，可以将用户分为新手用户、中级用户、专家用户和偶然用户（图6-1）。这样的分类将帮助设计者更准确地理解和满足不同类型用户的需求。

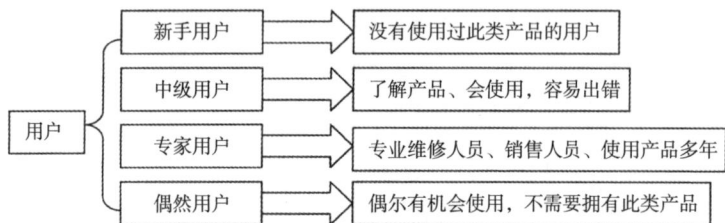

图6-1　四种用户类型

## 一、新手用户

新手用户指的是第一次接触或者尚未接触产品的使用者，他们尚未了解或学习相关操作知识。以智能手机为例，许多年龄较大的用户在首次接触这种设备时，需要家人的辅助和指导，才能理解手机的各个按键、屏幕上的按钮、图标代表的含义，以及如何进行操作。新手用户对产品的理解速度通常较慢，需要更多时间学习和理解相关的操作，但是他们并不是设计的主要针对人群。

## 二、中级用户

中级用户又被称为一般用户或普通用户。据交互设计专家艾伦·库珀在《About

Face 4：交互设计精髓》一书中："大多数用户既非新手也非专家，而是属于中级用户。"新手用户往往能很快转变为中级用户，他们能熟练地操作产品，但在遇到非常规操作或新问题时，可能无法自行找到解决办法。

中级用户通常愿意学习更多，但如果长时间未使用产品，可能会忘记一些重要的操作内容。以游戏为例，许多玩家在经过新手教程阶段后，会变成能够自行操作的中级用户。他们在这个阶段更愿意深入学习，通过学习了解游戏的新内容和增长相关知识，中级用户也能得到成就感。然而，如果玩家长时间未玩游戏，可能会忘记大部分的重要内容。为此，许多游戏会提供操作提示或奖励，帮助这些玩家尽快恢复到之前的操作水平。

## 三、专家用户

专家用户又称为经验用户，他们对产品有深度的理解和熟练的操作能力。这类用户常常深度使用产品，关注并优化常用功能，且更善于处理复杂的信息。相比新手用户和中级用户，专家用户对程序更精通。他们的意见对于新手用户在选择产品时往往具有很大的影响力。

尽管中级用户是产品的主要使用人群，但在产品设计阶段，设计者们不会忽视新手用户和专家用户的需求。每一个中级用户都曾是新手用户，并可能成为专家用户。新手用户可以在短时间内转变为中级用户，但中级用户转变为专家用户的过程可能会受到时间、兴趣等因素的限制。然而，当面临必须理解的复杂功能或对此产生兴趣时，中级用户会努力去学习并掌握。

专家用户对设计者来说极其重要。设计者可以通过对专家用户的访谈和调研，更全面地了解用户的需求或产品的问题，并据此改进、更新产品。这对于产品创新具有深远的影响。因此，在设计某些专业产品时，应主要针对专家用户，因为他们愿意投入大量的时间和精力去研究和掌握产品。

## 四、偶然用户

偶然用户通常指那些在特定情况下不得不使用产品的用户。例如，当超市的人工收银通道无人值守，只剩下自助结账通道时；或者当银行柜台人员下班后，只有24小时开放的ATM可用；又或者是他人临时请求使用某产品的帮助时，这些都可能产生偶然用户。他们通常不太愿意使用这些产品，只有在没有其他选择的情况下，才会选择使用，因此被称为偶然用户。偶然用户和新手用户在使用产品时都会有一种陌生感，但偶然用户相较新手用户更有可能感到惧怕。他们常担忧自己在某个操作阶段出错，从而引发不必要的问题。

因此，设计者在产品设计时应充分考虑偶然用户的陌生和惧怕心理。例如，增加产品交互的友好度或趣味性，提供明确的操作指引，让偶然用户知道自己的下一步操作是否正确。通过这些合理的设计方式，可以尽量减轻甚至消除偶然用户的负面情绪。

# 第二节　用户心理

## 一、用户的需要动机

需要和动机都属于心理行为的动力因素，他们在心理过程中表现为驱使个体心理行为的动力，即心理过程的"意"（意动）。"知""情""意"是人的心理过程的三个组成部分，其中感知、情绪和情感是被动的心理过程，而"意动"则是主体有意控制下的、有目的的心理过程。行为用户的所有需求可以说是由刺激产生的，然后寻找满足该需求的对象，有了对象后便会产生获取对象的动机。可以说用户的所有需要都是由刺激产生的，然后寻找满足该需要的对象，有了对象后便会产生获取对象的动机。

### （一）刺激的内外部因素

内部刺激：感到口渴时需要喝水、感到饥饿时需要吃饭、身体不适时需要治疗等；外部刺激：看到美食广告或直播推销的产品，可能会产生购买的欲望。

### （二）需要的类型

需要是人对某种事物或目标的渴望、欲求或欲望。通常需要分为两类：自然需要（包括生理需要、生存需要）和社会需要（包括物质需要、精神需要）。自然需要主要指为了维持生命和种族延续所必须的需要。这些需要包括对基本生活必需品的需要，如食物、水、空气，必要的休息，保持身体健康，保护自身安全等。这类需要是人与生俱来的，但在满足方式上，人的自然需要和动物的自然需要有根本的区别，例如，在食物方面，动物只能以自然环境中现成的天然物为对象，而人类则可以通过自己的劳动生产出满足自己需要的对象。社会需要主要指在成长过程中，通过大量经验的积累而获得的需要。这类需要包括物质需要、精神需要和心理需要。

马斯洛的需求层次理论提出了人类需要的五个层次：生理需要、安全需要、爱与归属感需要、尊重需要和自我实现需要（图6-2）。后来，马斯洛扩展了这个五阶模型，增加了认知需要、审美需要和超越需要。

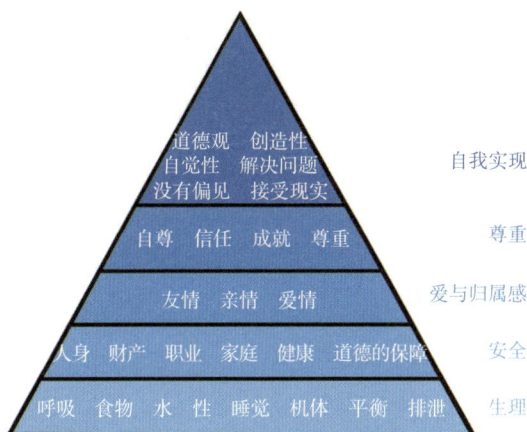

图6-2 马斯洛需求层次理论模型

生理需要（Physiological Needs）是指如食物、水、空气、睡眠等基本生理需要。这是需求层次中最基础的需要，也是人类最基础、最强烈、最重要的需要；安全需要（Safety Needs）包括工作稳定、安全保护、身体健康、就业财产，克服恐惧和免除焦虑等因素；爱和归属感需要（Belonging and Love Needs）是指个体与他人建立情感联系或关系的需求，如家庭亲情、友谊及爱情等；尊重需要（Esteem Needs）包括尊重自己，肯定自身的内在价值、尊严、自信及成就等，以及对他人的尊重，包括认可他人的成就和地位；自我实现的需要（Self-actualization Needs）是最高层次的需要，人类个体需要发掘自己的潜能、追求并实现自己的能力，并使其更加完善。

### （三）需要对象

需要对象指的是能够满足用户需求的具体事物或目标。一个需要对象可以满足用户的一个或多个需求。例如，一款智能手表不仅可以满足用户的查看时间的需求，同时能满足用户的健康管理需求，如步数统计、心率监测等，还可以连接手机，实现接听电话、查看消息等需求，以此满足用户在不同场合下的需求。

## 二、用户的行为模式

在了解用户的需要动机之后，需要深入研究用户的行为模式。用户的行为模式对于理解用户如何使用产品，以及如何优化产品来满足用户需求至关重要。

### （一）习惯行为

用户通常会形成习惯，以最小的努力和思考去完成任务。产品设计应该照顾这些习惯，使用户能够快速上手并高效使用。

（二）目标导向行为

用户使用产品通常都是为了实现某个目标或满足某种需求。了解用户的目标可以帮助设计师更好地满足用户的需求，并设计出更符合用户期望的产品。

（三）探索性行为

用户有时会探索产品的其他功能，或者寻找新的解决方案。这类行为可以为产品提供创新的可能，同时也要求产品具有良好的可探索性和可扩展性。

（四）社交行为

用户经常会在社交环境中使用产品，他们可能会分享产品，或者通过产品与他人交流。理解这种行为模式有助于设计更好的交互功能，以提高用户的参与度和满意度。

（五）情感行为

用户的情绪状态会影响他们的行为模式和决策。产品设计应考虑用户的情绪体验，以提高用户的满意度和忠诚度。

（六）自适应行为

用户会根据情境的变化来调整自己的行为模式，以达到最佳的使用体验。产品设计应考虑不同情境下的使用需求，提供灵活的使用方式。

每种行为模式都反映了用户在不同情况下的需求和偏好。设计者应深入理解这些行为模式，并据此设计出更能满足用户需求的产品。

## 三、符合用户心理的设计基本原则

诺曼在《设计心理学》一书中提到，优秀的设计需要具备可视性和易通性。对于设计初学者来说，设计一个高质量产品的原则主要有以下几点。

（一）示能

示能是物体的特性与其预设用途之间的关系，它决定了产品给用户的初步感受。这种感受应该是用户在第一时间就能够察觉到的。例如，沙发给人一种厚实和舒适的感觉，暗示其用于休息和放松（图6-3）；相对地，

图6-3　沙发

椅子则显得轻便易携，更适合移动和短暂休息（图6–4）。这种通过产品的外在特性（如体积、材质、形状等）给人的感受，就是示能。简单来说，示能就是通过产品的外在特性，向用户展示其功能和使用方式。这种设计原则有助于形成产品与用户之间的直观交互关系。

图6-4 实木座椅

### （二）意符

意符是一种提示信号，它告诉用户可以执行哪些操作，以及如何进行操作。一项良好的设计需具备清晰的意符来与用户沟通。这些意符可以是有意设计的，用以引导用户更好地理解和使用产品或服务。例如，门上的"推"或"拉"的文字标识就是一种意符，它清晰地指示了门的开启方式。同时，门上的把手也是一种意符，它通过形态向用户展示了门的操作方式（图6–5、图6–6）。

图6-5 "推"文字意符

图6-6 门把手也算作一种意符

在日常生活中，意符无处不在。打开手机或电脑的界面，会看到"×""最大化"和"最小化"的标识，它们告诉人们如何关闭或调整窗口的大小（图6–7）。

意符不仅限于视觉元素，声音也可以作为一种意符。比如，当烤箱烹饪完毕，会发出"叮"的声音，这也是一种意符（图6–8）。

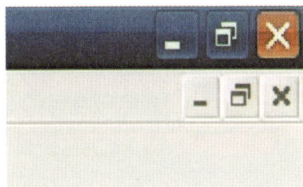
图6-7 "最大化""最小化"及"关闭"标识

图6-8 烤箱的声音意符

### （三）约束

约束是通过某些条件限制用户的操作，以防错误的发生。例如，手机充电口的设计和对应的充电器插头就形成了一种物理约束，保证了只有正确的插头才能插入（图6-9）。螺丝和螺母的配合也是一种约束的表现，只有匹配的螺丝和螺母才能紧固（图6-10）。

图6-9　充电器和充电口的约束关系

图6-10　螺丝和螺母的约束关系

约束可以分为以下四种类型：

（1）物理约束：通过物理结构，限制可能的操作方法。

（2）文化约束：通过文化行为规则或习惯限制用户的操作。

（3）语义约束：通过利用特定场景的特殊含义来限制可能的操作方法。

（4）逻辑约束：通过自然的映射关系来提供合理的操作指示。

### （四）映射

映射是用户在操作产品时，其行为和行为产生的结果之间的关系。例如，当人们在键盘上打字时，屏幕上显示的字母就是键盘按键的映射。同样，鼠标滚轮的上下滚动和屏幕内容的滚动也是一种映射关系。在设计过程中，自然映射能够有效地提高用户的操作直观性和易用性。

自然映射主要包括两种形式：

（1）空间类比映射：例如，在办公室里，许多灯带的开关往往会按照与灯带相同的布局进行放置（图6-11）。燃气灶台上的炉眼和控制它们的开关也会有一种空间上的映射关系，即哪个位置的开关对应控制哪个位置的炉眼（图6-12）。

（2）文化或生物习惯映射：这种映射依赖于人们在文化或生物环境中形成的习惯或直觉。例如，人们通常认为红色表示停止或危险，而绿色表示前进或安全。这种颜色对应的关系就是一种文化习惯映射（图6-13）。

图6-11 多条灯带与灯开关的映射关系

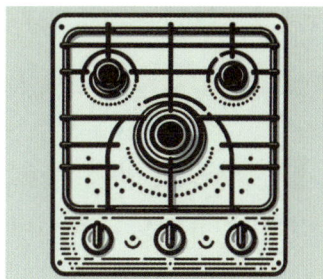

图6-12 燃气灶台和燃气灶开关的分布呈现
空间上的映射关系

图6-13 符号或图标的文化映射

## （五）反馈

反馈是设计中非常关键的一环，它能及时告知用户他们的操作是否有效。然而，这并不是说反馈应该过于频繁，否则可能会导致用户感到困扰。在手机应用中，反馈设计被广泛应用。例如，在微信中撤回消息后，会有"消息已撤回"的提示（图6-14）；或者微信的"拍一拍"功能，它能清楚地告

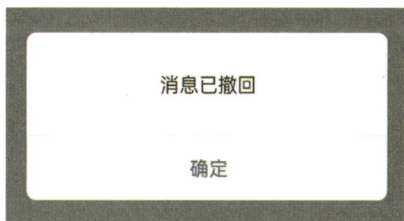

图6-14 微信撤回消息的及时反馈

诉用户他们的操作已经被确认和响应。这样的设计让用户清楚自己上一秒的操作有没有生效，从而可以根据反馈信息做出下一步决策。还有一些反馈设计，例如，智能音箱，小爱同学、天猫精灵等。当用户呼唤它们时，它们会迅速做出响应，这也是一种反馈的形式。关键的是，反馈必须要及时。如果延迟过久，用户可能会以为程序出现了错误，从而产生不安和焦虑，甚至选择放弃，但过度的反馈也可能引起用户的困扰。因此，找到反馈的恰当度，使其既清晰又不引起困扰，是设计中的一个重要考量。

### （六）概念模型

概念模型的目标是向用户传达关于系统工作方式的所有必要信息，建立清晰的系统理解，从而提升用户在使用时的自信感。简单来说，概念模型是一种简化的解释或描绘，它可以帮助用户理解一个产品或系统的工作原理。一个好的概念模型应与用户的心理预期、已有标准或常识相吻合。概念模型有具体的一面，也有抽象的一面。具体的一面可以在产品的使用说明书中体现，它以简洁易懂的方式描述了产品的操作流程和工作原理。抽象的一面则反映在设计师为产品构建的概念模型上，他们努力将这个模型有效地传递给用户。值得注意的是，设计师构建的概念模型和用户理解的概念模型可能会有所差异。设计师应在设计过程中尽量使这两者接近，以提升用户的理解程度和使用体验。

概念模型反映了人们对产品内在的理解。设计师根据自己对产品的理解构建出概念模型，而用户在阅读产品的说明书并实际操作产品后，也会在头脑中构建出自己的概念模型。一个优秀的概念模型可以让产品更易于理解，从而提高用户体验。

概念模型不仅反映了人们对产品的理解，也是一种沟通的方式。良好的沟通可以帮助创建出易于理解的概念模型。例如，乐高积木的说明书就是一个很好的例子，它以图画形式替代了传统的文字描述，这种方式不仅帮助用户更好地理解了积木的拼接过程，也增强了用户对乐高品牌的印象。

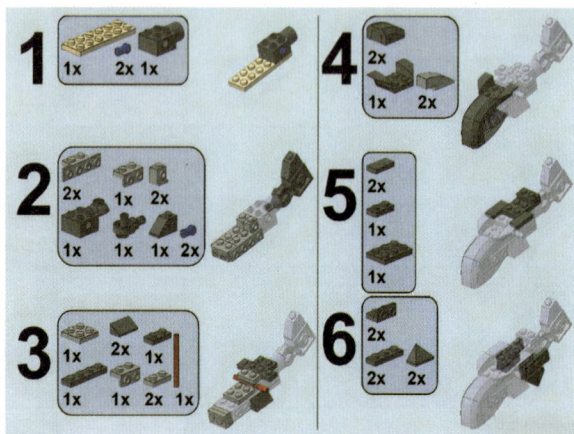

图6-15　乐高积木说明书

# 第三节　用户模型与心智模型

用户模型描述了设计者对于用户的理解和预设，是一种用于指导设计的工具。而心智模型则揭示了用户对于产品的理解和预期，可以将其看作用户在操作和使用产品过程中的内在逻辑（图6-16）。

20世纪80年代初，艾伦·库珀提出了用户模型概念。用户模型可以视为真实用户的虚拟代表，它需要基于一系列真实数据来建立目标用户模型。

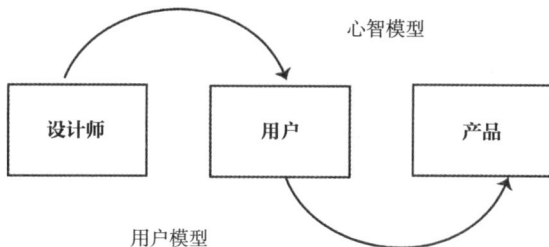

图6-16　用户模型与心智模型

## 一、建立用户模型的重要性

用户模型作为一种设计工具，具有以下四个方面的优势。

### （一）提供全面的用户知识体系

用户模型可以帮助设计师在设计产品前的策划调研过程中，形成对目标用户或服务对象的整体理解，明确产品的功能与特性。其目标与任务能为整个设计流程奠定坚实的基础，从而减少设计的盲目性，其也是设计过程中重要的理论依据。

### （二）促进设计流程中的沟通交流

在设计流程的全过程中都会发挥作用，为设计团队提供一种通用的语言，确保设计流程的每一阶段都以用户为中心。

### （三）建立共识

能够帮助设计团队就设计理念达成共识。不仅提供了一种共同语言，同时也把这种语言转化为共同理解。一个完善的用户模型能帮助设计师深入理解用户的特征及类型。用户模型与真实用户具有高度的相似性，可以作为设计团队与用户之间的沟通纽带，比直接与真实用户沟通更方便。

### （四）评估设计效率

尽管用户模型不能完全替代真实的目标用户，但设计师可以通过用户模型了解用户的行为，为设计提供实际依据。同时，用户模型也方便了对真实用户群体的测试，有助于进一步完善最终设计。

> 🔆 **设计提示**
>
> 　　网易云音乐、QQ音乐有自己的用户模型。通过用户的听歌历史、歌单、曲库等信息，预测用户可能喜欢的音乐类型和艺术家。此外，还会考虑用户的社交网络信息，例如，用户的朋友喜欢什么音乐。这种用户模型可以为用户提供个性化的音乐推荐。

## 二、用户模型的分类

### （一）理性用户模型（行动的七个阶段）

　　理性用户模型是根据用户行动的七个阶段来理解和设计用户体验。这个模型是由心理学家唐纳德·A.诺曼所提出，它描述了用户从产生一个目标到完成该目标的整个过程。这七个阶段包括：设定目标、制订计划、规定顺序、执行行动、感知结果、理解反馈、与预期对比。例如，可以应用这个模型来设计一款自动驾驶汽车的界面。

　　（1）设定目标：用户的目标是从当前的位置驾驶到目的地。

　　（2）制订计划：用户需要设定在导航系统中输入目的地的详细地址。

　　（3）规定顺序：在设定好目的地之后，用户需要确认汽车的状态，如油量、电池等，以确保车辆能顺利驾驶到目的地。

　　（4）执行行动：用户启动自动驾驶模式，让车辆开始行驶。

　　（5）感知结果：在驾驶过程中，用户可以通过车载显示屏查看车辆的速度、路况等信息。

　　（6）理解反馈：用户通过车载显示屏获得的信息来理解车辆当前的行驶状态和周围环境。

　　（7）与预期对比：当车辆抵达目的地时，用户会比较实际的驾驶效果和他们最初的期望，从而评价这次驾驶体验。

　　通过这个模型，设计师可以更好地理解用户的行动步骤，并且在设计过程中考虑这些步骤，以提供更好的用户体验。

### （二）非理性用户模型

　　非理性用户模型考虑的是用户在非理性或情绪驱动的状态下的行为和决策。对这种模型的理解，可以帮助设计师更好地满足用户的情感需求，设计出更具吸引力的产品。例如，在购物决策中，理性的购物者可能会基于价格、品质、需求等因素来做决策，但非理性的购物者可能会受到一种感觉、一种情绪，甚至是一种品牌形象的影响，而做出购买决策。非理性用户模型能够帮助理解和预测这些非理性的决策行为。

非理性用户模型主要包含两个子模型：用户思维模型和用户任务模型。

（1）用户思维模型：用户思维模型关注的是用户的认知特性和思维过程，试图理解用户如何感知和理解产品，以及他们在使用过程中可能遇到的问题。这个模型考虑到用户的环境因素、个人知识和经验，以及行为的组成因素。例如，对于一款游戏应用，设计师需要理解玩家在游戏中是如何感知和解读游戏规则的，他们在遇到困难时会如何思考和解决问题。在《纪念碑谷》的游戏中，设计师创造了一个独特的游戏世界，里面充满了不符合现实物理规则的空间和建筑。玩家需要尝试理解这些奇特的空间规则，以解决各种谜题。这就需要设计师通过用户思维模型，预测和理解玩家可能的思维方式和解决问题的策略。

（2）用户任务模型：用户任务模型关注的是用户完成任务的行为过程，它试图了解用户的目标、计划、执行和评估等阶段。例如，对于一款音乐播放应用，设计师需要了解用户搜索歌曲、创建和编辑播放列表、播放和切换歌曲等一系列行为的顺序和方式。这就需要设计师通过用户任务模型，预测和设计出最符合用户行为习惯和需求的操作界面和功能。

非理性用户模型更强调理解和满足用户的情感需求，预测和应对用户可能的非理性行为。

## 三、心智与心智模型

心智源于心理学领域，是指人类对周围世界的精神活动，包括对已知事物的存储、沉淀，以及通过生物反应实现动因的能力总和。例如，在购物时货比三家选择商品，以及对购物情境的情绪反应等都属于心智活动。

心智模型又称心智模式，是一种具有长久历史的概念，如今在各领域被广泛采用。它最早出现在1943年克瑞克（Kenneth Craik）的 *The Nature of Explanation* 中，后在20世纪80年代得到深化和发展。心智模型有多种定义，例如，约翰逊·莱尔德（Johnson Laird）视其为描述人类解决问题、进行演绎推理的思维模式；根特纳（Gentner）和史蒂文斯（Stevens）则认为其解释了人类处理问题时的物理规律；诺曼则将其定义为用户对产品概念和行为的预期和理解。

心智模型是人们对世界的认知和处理事物的经验，受教育、家庭、社会环境等诸多因素影响。每个人的心智模型不同，可以看作是长期记忆的集合。在设计过程中，考虑和研究心智模型十分关键，它决定了产品的易用性，甚至可能影响产品和企业的生存。因此，了解用户和发掘其真实需求，本质上就是了解用户的心智模型。让每个人都画一棵树，每个人对树的认知都不同，因此画出的树各不相同，这就是心智模型的体现（图6-17）。心智模型外在现实事物的心理模型表征，影响着人们的认知和行为。它能够影响人们对生活、社会和世界的认知，从而影响人们的行动。

图6-17　对于树的认知不同，画出的树各不相同

> 🎗 **扩展知识**
>
> 　　线上购物平台中，"购物车"是一个常见的设计元素。这个设计借鉴了现实世界中的购物车，用户可以"添加"商品到购物车，再"去结账"。这个心智模型可以帮助用户理解网上购物的过程。
>
> 　　在很多操作系统中，比如Windows和macOS，都采用了"桌面"和"图标"的设计。用户可以把应用程序的图标放在"桌面"上，就像在真实世界中把物品放在桌子上一样。这个心智模型可以帮助用户理解和操作计算机系统。

## 四、心智模型的特征

理解和应用心智模型的过程中，有几个关键的特征需要注意。

### （一）不完整性（Incomplete）

用户对于现象所存在的心智模型大多数都是不完整的。这是因为用户对于一项产品或服务的理解，主要基于他们的个人经验、知识、需要和预期。每个人的心智模型都可能存在一些缺口，这也是为什么用户的使用体验会有所差异。

### （二）局限性（Limited）

用户执行心智模型的能力会受到某些方面的限制。这可能包括用户的认知能力、信息处理速度、注意力等。例如，当用户面对大量的信息或复杂的决策时，他们可能会依赖他们已有的心智模型，而忽略其他可能的选项。

### （三）不稳定（Unstable）

用户经常会忘记所使用的心智模型的细节，长时间不使用该心智模型，会出现记忆模糊的现象。因此，设计应尽量简单明了，易于记忆和理解，以帮助用户保持和更新他们的心智模型。

### （四）没有明确的边界（Borderless）

心智模型没有明确的边界，用户就可能会混淆几种心智模型。例如，用户可能在一个特定的情境下应用了另一个情境的心智模型，这可能会导致误解和混淆。

### （五）不科学（Unscientific）

用户对于心智模型可能会采取某些不科学、迷信的方式。这就是说，用户的行为并不总是基于逻辑和事实，而是可能受到他们的信念、情绪、价值观等因素的影响。

### （六）简约（Parsimonious）

用户自身会多做一些通过心智规划而省去的行动。这意味着用户倾向于使用最简单、最直接的方式来完成任务，即使这可能会降低效率或产生误解。

以上六个特征都是心智模型在设计过程中的重要考量，设计师需要了解和考虑这些特性，以创建更符合用户需求和预期的产品或服务。

## 五、设计与心智模型

心智模型影响着人们日常生活中遇到的许多设计。例如，对于尖锐或锋利的物体，如刀或注射器，人们的心智模型预测可能的危险或疼痛。因此，设计师在家具设计中会采用圆润、平滑的边角，以带给使用者安全和舒适的感觉（图6-18、图6-19）。同样，产品界面设计也需要借鉴用户的心智模型。如登录界面和音乐播放界面，即使语言不通，用户依然能迅速找到操作按钮，这正是设计符合了用户心智模型的效果（图6-20、图6-21）。

设计师需要了解并利用用户的心智模型来创建直观且易于使用的产

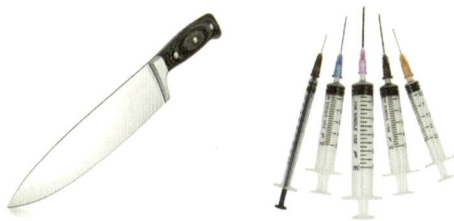

图6-18 尖锐、锋利的刀和注射器

图6-19 圆润的家具设计

图6-20 英文版登录界面

图6-21 QQ音乐播放页面

品，而用户体验和互动则能反过来塑造和改变人们的心智模型。其运作过程是一个不断循环和迭代的过程，它由过去的经验和知识构成，并通过新的经验和反馈进行修正（图6-22）。

美国心理学家克里斯·阿吉里斯（Chris Argyris）提出了著名的"推论阶梯"理论来阐述心智模型的运作机制，分为七个阶段：收集数据或经验、选择数据、增添意义、做出假设、得出结论、建立信念和采取行动。在线购物软件的购物车界面可以作为一个典型例子。从收集商品信息到决定执行的操作，每个阶段都是人们心智模型运作的一部分（图6-23、图6-24）。

图6-22 心智模型的运作与迭代

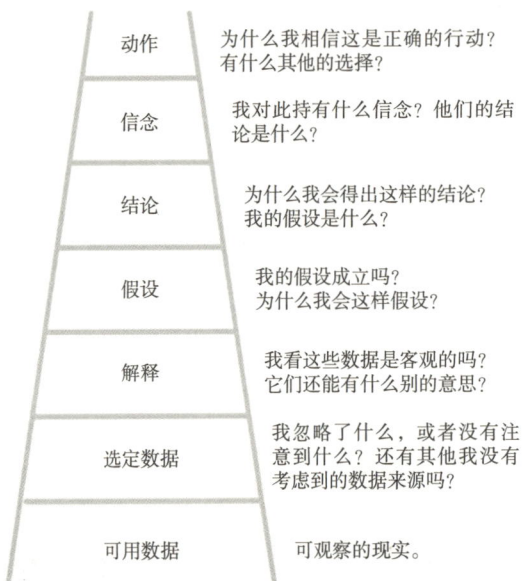

图6-23 推论阶梯

图6-24 推论阶梯——某购物软件购物车界面

### （一）收集数据或经验

首先，我们会收集购物车界面的信息，包括商品、商品的数量和价格。

### （二）选择数据

然后，我们会挑选出重要的信息，比如，视觉突出的红色删除按钮和橙色结算按钮。

### （三）增添意义

在这个阶段，我们会为选择的信息添加意义。例如，我们可以通过过去的经验推断，向左滑动商品可能会弹出删除按钮，这意味着我们不需要同步购买该商品。

### （四）做出假设

在这个阶段，我们会做出假设，如点击红色删除按钮可能会删除商品；选择商品前的小圆圈然后点击结算可能会跳转到付款页面。

### （五）得出结论

在这个阶段，我们会根据假设得出结论。例如，为了删除商品，我们需要向左滑动并点击删除按钮；为了结算商品，我们需要选择商品前的小圆圈，然后点击结算按钮。

### （六）建立信念

这将影响我们下次执行类似操作时的行为。

### （七）采取行动

最后，我们会执行相应的操作，如点击删除按钮，选择想购买的商品，然后点击结算按钮。

大多数情况下，人们只会意识到阶梯最下端"收集数据或经验"和阶梯最上端"采取行动"这两个阶段。中间阶段的推论过程会迅速地略过，因此，心智模型会迅速地给出反应并做出行动。心智模型的理解和运用是设计师创建易用、符合用户需求的产品的关键。而心智模型本身则是一个动态、互动的过程，不断通过用户的经验和反馈进行迭代。

> **⬤ 扩展知识**
>
> 　　假设你是一位经理，你看到你的员工汤姆在过去的一周内迟到了三次（观察数据）。你可能会选择关注这个行为（选择数据），并认为汤姆对工作不够负责（增添意义）。然后，你可能会推测他的不负责任会影响他的工作效率（做出假设），并得出结论他是一个不可靠的员工（得出结论）。基于这个结论，你可能会形成一个信念，即你不能把重要的工作交给汤姆（建立信念），并且在分配工作时避免让他负责重要的任务（采取行动）。

## 六、实现模型、呈现模型与用户心智模型

　　艾伦·库珀在其著作《About Face 4: 交互设计精髓》中，提出了三个关键模型：实现模型、呈现模型和用户心智模型。这些模型有助于理解产品设计中不同的角度和层次（图6-25）。

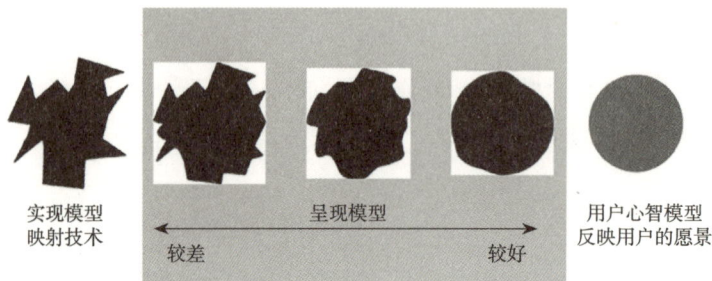

实现模型
映射技术　　　　　　　　呈现模型　　　　　　　用户心智模型
　　　　　　　较差　　　　　　　　　　较好　　　　反映用户的愿景

图6-25　实现模型、呈现模型与用户心智模型的对比

### （一）实现模型

　　实现模型主要关注的是产品的内部运作机制和技术实现。它涵盖了如何通过代码或硬件设计来实现产品的各项功能。实现模型通常是由工程师或程序员设计和理解的，因为它需要深入了解技术和代码来实现。

### （二）呈现模型

　　呈现模型主要关注的是用户如何与产品进行交互，即产品的界面设计和交互方式。呈现模型是设计师通过视觉设计和交互设计为用户创建的产品体验，它是用户与实现模型之间的桥梁。呈现模型需要充分考虑用户的需求和使用习惯，以提供易用、直观且愉悦的使用体验。

### （三）用户心智模型

用户心智模型是用户对产品的理
解和预期，它反映了用户如何理解和
解释产品的功能和操作。用户心智模
型常常基于用户的经验和知识构建，
不一定准确反映产品的实际工作方

你删除了一条朋友圈　**重新编辑**

图6-26　微信朋友圈"重新编辑"功能选项

式。设计师在设计产品时，需要尽可能地了解和符合用户的心智模型，使产品的设计
和操作方式能够满足用户的预期和理解（图6-26）。

实现模型关注的是产品的技术实现，呈现模型关注的是产品的界面和交互设计，
用户心智模型关注的是用户的理解和预期。三者之间需要取得平衡，以创造出既符合
技术实现，又满足用户需求和预期的产品。

# 第四节　用户研究方法

用户研究对于设计而言非常重要，它存在于设计的每一个环节，包括在设计初期
对用户需求的了解、设计验证和评估，以及对于已上线设计的用户反馈分析。设计师
和开发人员可能会基于用户研究的结果对设计进行迭代和优化。这里主要介绍以下几
种用户研究方法。

## 一、问卷调查法

问卷调查法是设计研究中最常用的一种方式。它通常通过在线或者线下向目标用
户群体发放问卷的方式，收集关于他们的观点、行为和态度等信息。然后进行数据统
计和分析，通过发现用户的需求和痛点，转化为设计策略。

在进行问卷调查之前，需要明确调查的目标和范围。设计问卷需要考虑问题类型、
问卷结构、问题设置原则及问题数量。而在问卷分析阶段，需要计算数据、估算数据
误差，并总结有效问卷的数量，问卷调查法的五个步骤可参照图6-27。例如，在设计
一个购物应用程序之前，可能需要了解用户对现有购物软件的使用习惯。可能会问：
你更倾向于使用哪款购物软件？你每天花费多长时间在购物软件上？你最喜欢哪些购
物软件的功能？这些信息能帮助你理解用户的需求，并在你的设计中满足这些需求。

| 问卷前准备 | 问题设计 | 问卷执行 | 问卷分析 | 后续研究 |
|---|---|---|---|---|
| 启动会 | 问题的类型 | 样本、偏差 | 计算、比较 | 前/后调查 |
| 用户访谈 | 问卷的组成 | 试点测试 | 误差估算 | 跟踪调查 |
| 设定日程安排 | 设计注意点 | 邀请 | 总结误区 | 精化调查 |

图6-27 问卷调查法的五个步骤

用户研究是设计过程中的关键环节。设计师可以通过问卷调查法，更深入地了解用户的需求和痛点，从而制订更有效的设计策略。

## 二、用户访谈法

用户访谈法是一种与问卷调查法有所区别的研究方法。它涉及研究者通过面对面对话或电话交流，以提问的方式了解用户对产品使用过程的体验、感受、对品牌的印象以及个人使用产品的经历。这种方法有助于研究者获取用户对产品或设计的潜在需求。用户访谈法通常在研究对象较少时使用，也可以与问卷调查法和可用性测试法相结合。根据访谈的目的，用户访谈法可以分为三种类型：结构化访谈、半结构化访谈和开放式访谈。

### （一）结构化访谈

在这种类型的访谈中，研究者事先准备一个详细的问题列表，所有被访谈者都会被问到完全相同的问题。这种方法的优点是可以方便地比较不同访谈者的回答。

### （二）半结构化访谈

在这种类型的访谈中，研究者准备了一些关键的问题，但是访谈的过程中可以自由发挥，对于某些问题进行深入探讨或者根据访谈者的回答引出新的问题。

### （三）开放式访谈

这种访谈方式最自由，研究者没有预设的问题，而是让访谈者自由地谈论他们使用产品的经历和对产品的感受，研究者在过程中会进行引导并记录关键信息。

用户访谈法通过深入交流和沟通，可以揭示用户的真实需求和感受，从而为设计提供有价值的指导。

## 三、用户画像法

用户画像，又称为用户角色，是一种描述目标用户并理解用户需求和设计方向的有力工具，已在各个领域得到广泛应用。设计师和开发人员面对的用户群体通常复杂多样，若缺乏一种具体且有效的方式来描述目标用户，他们可能会按照自己的主观想法设计产品或服务。因此，一个可信赖、实用且易于理解的用户模型，需要在设计和开发过程中贯穿始终。用户画像应被设计为一个具有鲜明特征的形象，仿佛是在塑造一个具体的生活中的角色。通过与这个模型角色建立关系，设计师和开发者能够更深入地理解和分析用户的需求。无论是在设计还是开发的过程中，用户画像都发挥着重要的指导作用。

## 四、焦点小组法

焦点小组，也称为小组访谈，是一种由训练有素的调查者主持，并通过访谈一组选定的被调查者，最终推断总体特征的研究方法。焦点小组的参与者通常是从目标用户群体中抽取的一组典型用户，每个焦点小组一般由6~8人组成。

焦点小组讨论通常使用无结构或半结构的访谈方式，围绕特定主题进行深入、集中的讨论。这个讨论可以按照预先规定的步骤进行，也可以鼓励自由讨论。主持人需要具备丰富的经验、良好的专业技能，以及面对突发情况时的快速反应和冷静处理能力。他们的任务是引导讨论，激发被调查者的思维，同时保持讨论的节奏。主要目标是收集并分析被调查者对研究主题的观点和看法。与一对一的用户访谈相比，焦点小组法的优点在于，调查者可以从被调查者的自由讨论中获得一些意想不到的发现，进而获取一些与研究主题相关的创新性见解。例如，在进行一个新产品的初步设计研究时，可以组织一个焦点小组，邀请一组潜在用户参加。在讨论过程中，可能会发现用户对产品设计有一些独特的需求或想法，这些信息在后续的设计和开发过程中是非常宝贵的。

焦点小组法适用于进行一些探索性的研究，可以深入了解用户的态度、行为、习惯和需求，为设计和开发工作提供新的想法和灵感。

## 五、仪器测量法

仪器测量法指的是使用特定的测量仪器来记录和分析目标用户的行为，以此揭示其内在心理机制。在设计研究中，常见的测量设备包括脑电仪、眼动仪、虚拟现实设备等。仪器测量法的优点在于可以确保研究结果的客观性，并可以进行反复检验。以眼动仪为例，它主要用于记录用户在处理视觉信息时的眼动轨迹。由于个体80%~90%的外界信息都是通过眼睛获取的，因此眼动仪成为注意力、视知觉、浏览习惯及广告心理学等领域研究的重要工具。对于视觉传达设计而言，眼动仪测量法可应用于广告心理学研究、界面设计布局研究、界面浏览习惯研究等。例如，在广告心理学研究中，可以利用眼动仪记录用户在观看广告时的眼动轨迹，这包括他们关注广告中各元素的顺序，对各部分的注视时长和次数，眼跳距离，以及瞳孔直径大小的变化等。通过分析这些数据，研究者可以深入了解用户观看广告时的心理活动。他们可以得知用户是否按照广告设计者的意图关注广告，以及用户最关注广告中的哪些元素，如公司名称、产品名称或产品的特色等。这些信息可以帮助广告设计者更好地理解用户的关注点，为他们提供改进广告布局和设计的依据，以及提供广告设计视觉效果的客观指标。

眼动仪测量法为设计者理解用户的视觉习惯提供了一种科学、客观和可量化的方法，对广告设计和用户体验研究等领域具有极高的参考价值。

## 六、可用性测试法

可用性测试法是一种评估产品设计有效性的方法，主要通过让一群具有代表性的目标用户进行操作测试，来完成特定任务。观察者、研究者或开发人员通过观察目标用户在使用产品过程中的行为，比如，使用习惯、表情变化等，进而找出设计或开发中可能存在的问题。被测试的产品可以是网站、应用程序、软件或其他类型的产品，也可以是原型或已经完成开发的产品。在典型的可用性测试中，会有一系列预定的任务，选定的目标用户群体会尝试完成这些任务。观察者或研究者需要关注用户在执行这些任务过程中遇到的问题，以及产生问题的原因，这对最终达成测试目标至关重要。在测试结束后，研究者或开发人员会根据问题提出改进建议。

可用性测试法的优点在于可以在早期阶段发现设计中存在的问题，及时改正，进而提高用户的满意度和忠诚度，降低用户使用产品的成本。此外，由于可用性测试法实施成本低、操作简便，因此在研究中得到了广泛应用。在可用性测试过程中，虽然也包含访谈环节，但其与用户访谈法的不同之处在于，可用性测试法是先观察目标用户对产品的实际操作，再通过访谈来深入了解测试中存在的问题。相比之下，可用性测试法更注重探究现象背后的原因，更侧重于从实践中获取反馈。例如，在测试一个网购平台的可用性时，可能会让目标用户执行"找到某个特定产品并成功下单"的任务。研究者可以通过观察用户在操作过程中的行为，比如，搜索产品、选择产品、添加到购物车、结算等步骤，发现可能存在的问题，如网站导航的复杂性、搜索引擎的有效性、结算过程的复杂性等。之后，可以通过访谈来了解用户的感受和想法。

● 核心概念

用户心理　心智模型　用户画像

● 思考题

1.什么是心智模型，它是如何形成的？

2.克里斯·阿吉里斯的推论阶梯理论是什么？它与心智模型又有何关系？

3.如何理解实现模型、呈现模型和用户心智模型之间的关系？

● 实践作业

　　设计一个简单的用户心智模型，包括用户如何理解并使用一个常见的日常产品。根据推论阶梯理论，分析一款你常用的应用或网站，包括从收集数据或经验到采取行动的整个过程。

# 参考文献

[1] 唐纳德·A.诺曼.设计心理学1：日常的设计[M].小柯，译.北京：中信出版社，2015.

[2] 唐纳德·A.诺曼.设计心理学3：情感化设计[M].何笑梅，欧秋杏，译.北京：中信出版社，2015.

[3] 司马贺.人工科学——复杂性面面观[M].武夷山，译.上海：科技教育出版社，2004.

[4] 赫伯特·西蒙.认知:人行为背后的思维与智能[M].北京：中国人民大学出版社，2020.

[5] 司马贺.人类的认知——思维的信息加工理论[M].荆其诚，张厚粲，译.北京：科学出版社，1986.

[6] 鲁道夫·阿恩海姆.视觉思维：审美直觉心理学[M].滕守尧，译.成都：四川人民出版社，1998.

[7] 鲁道夫·阿恩海姆.艺术与视知觉[M].滕守尧，译.成都：四川人民出版社，2001.

[8] 威廉·詹姆斯.心理学原理[M].田平，译，北京:中国城市出版社，2003.

[9] E.H.贡布里希.贡布里希文集：艺术与错觉[M].杨成凯，李本正，范景中，译.南宁：广西美术出版社，2012.

[10] E.H.贡布里希.秩序感[M].杨思梁，范景中，译.南宁：广西美术出版社，2014.

[11] 玛依耶芙娜.色彩心理学[M].闫泓多，译.河北：河北美术出版社，2015.

[12] 孙孝华.心理学是什么[M].白路，译.上海:上海三联书店，2017.

[13] 安德鲁·科尔曼.心理学是什么[M].陈继文，孙灯勇，译.北京：中国人民大学出版社，2014.

[14] 雅克·马凯.审美经验[M].吕捷，译.北京：商务印书馆，2016.

[15] 马斯洛.马斯洛论自我超越[M].石磊，译.北京：中国商业出版社，2016.

[16] 尼尔·波兹曼.娱乐至死[M].章艳，译.广西：广西师范大学出版社，2011.

[17] 保罗·贝尔，托马斯·格林，杰弗瑞·费希尔，等.环境心理学[M].朱建军，吴建平，译.北京：中国人民大学出版社，2009.

[18] 库尔特·勒温.拓扑心理学原理[M].竺培梁，译.杭州：浙江教育出版社，1999.

[19] 约翰·B.华生.行为主义[M].潘威，郭本禹，译.北京：商务印书馆，2019.

[20] 卡尔·考夫卡.格式塔心理学[M].黎炜，译.杭州：浙江教育出版社，1935.

[21] 苏珊·魏因申克.设计师要懂心理学[M].蒋文干，译.北京：人民邮电出版社，2016.

[22] 周宪.美学是什么[M].北京:北京大学出版社，2001.

[23] 徐恒醇.设计美学[M].北京：清华大学出版社，2006.

[24] 徐恒醇.设计美学概论[M].北京：北京大学出版社，2016.

[25] 章利国.现代设计美学[M].北京：清华大学出版社，2008.

[26] 周冠生.审美心理学[M].上海：上海文艺出版社，2005.

[27] 梁一儒.民族审美心理学概论[M].西宁：青海人民出版社，1994.

[28] 郭本禹.潜意识的意义：精神分析心理学（上）[M].济南：山东教育出版社，
     2009.

[29] 崔丽娟.心理学是什么[M].北京：北京大学出版社，2002.

[30] 吕晓俊.心智模型的阐释：结构、过程与影响[M].上海：上海人民出版社，2007.

[31] 柳沙.设计心理学[M].上海：上海人民美术出版社，2016.

[32] 陈根.图解设计心理学[M].北京：化学工业出版社，2019.

[33] 李彬彬.设计心理学[M].北京：中国轻工业出版社，2012.

[34] 戴力农.设计心理学[M].北京：中国林业出版社，2014.